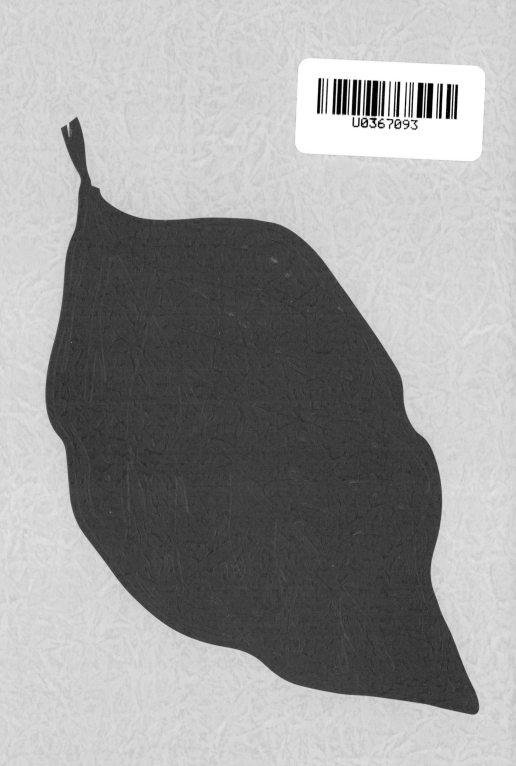

中式茄品品鉴

严佳　编著

化学工业出版社

·北京·

图书在版编目（CIP）数据

中式雪茄品鉴 / 严佳编著 . -- 北京 ：化学工业出版社 ，2024. 12. -- ISBN 978-7-122-47205-2

Ⅰ . TS453

中国国家版本馆 CIP 数据核字第 202449M72Z 号

责任编辑：龚　娟　　　　　　　　　装帧设计：梁雪松
责任校对：田睿涵

出版发行：化学工业出版社（北京市东城区青年湖南街 13 号　邮政编码 100011）
印　　装：盛大（天津）印刷有限公司
710mm×1000mm　1/16　印张 17¼　插页 1　字数 230 千字　2025 年 5 月北京第 1 版第 1 次印刷

购书咨询：010-64518888　　　　　　　售后服务：010-64518899
网　　址：http://www.cip.com.cn

定　　价：98.00 元

编 委 会

主 任 严 佳

副主任 卢海军

委 员 严 佳　卢海军　邵 奕　周 文

　　　　吴 迪　张亚松　施友志　胡延奇

　　　　刘瑞楠　王亚娟　杨凯而　陆 琳

　　　　韦祖松

CONTENTS
目录

01

中式雪茄
的"第三极"

中式雪茄文化渊源

　　雪茄，这一融合了古老传统与现代奢华的烟草艺术品，其历史深邃而璀璨，每一抹烟韵都仿佛诉说着跨越时空的故事。从遥远的玛雅文明曙光初现，到欧洲大航海时代的波澜壮阔，再到现代全球化背景下的多元发展，雪茄不仅见证了人类文明的演进，更在全球范围内孕育出了一种独特而迷人的文化现象。

　　在墨西哥尤卡坦半岛的热带雨林中，玛雅文明悄然孕育了雪茄的雏形。人们利用烟草进行宗教仪式，将其视为与神灵沟通的媒介。这种古老的习俗，虽未被详细记载于史书，却为后世雪茄文化的诞生埋下了伏笔。而当哥伦布踏上这片神秘的土地时，他无意间揭开了雪茄历史的新篇章。

　　15 世纪，奥斯曼帝国的崛起阻断了欧洲通往东方的传统商路，使得欧洲王室贵族以往从东方获得丝绸、茶叶、瓷器、香料等奢侈品的来源被切断，这迫使他们转向海路，向西探索以寻找新的东方贸易路线，一股汹涌的大航海浪潮由此兴起。在这场历史性的探索中，伟大的冒险家哥伦布在发现新大陆的同时，也注意到了当地原住民正在吸食烟草。这一发现引起了他的极大兴趣，于是他将烟草的种子和抽烟的习俗带回了西班牙。很快，烟草通过西班牙传遍了葡萄牙、法国、意大利乃至整个欧洲。烟草的引入，特别是雪茄的逐渐流行，不仅改变了欧洲人的生活方式，也开启了雪茄文化的历史篇章。

在 16 世纪初期，世界上最早的真正意义上的雪茄由古巴人生产出来。然而，这一时期的雪茄生产和流通受到了西班牙统治者的严格限制和垄断。直到 1817 年，西班牙国王费尔南多七世颁布法令，结束了皇室对雪茄的垄断经营，允许古巴雪茄进行自由贸易，古巴雪茄迎来了前所未有的发展机遇。在随后的几十年里，古巴雪茄以其卓越的品质和独特的口感赢得了全球消费者的广泛赞誉，奠定了其在雪茄界的领先地位。

19 世纪末至 20 世纪，美西战争、古巴独立战争以及两次世界大战等对雪茄产业造成了巨大的冲击。1959 年后，古巴雪茄产业经历了国有化和全面的整合重组。尽管面临诸多挑战，但雪茄产业依然顽强地生存下来，并催生出众多的"新世界雪茄"生产国，包括多米尼加、尼加拉瓜、洪都拉斯、美国、墨西哥、巴西、厄瓜多尔、哥斯达黎加、巴拿马、菲律宾等，它们借鉴古巴的制作工艺并结合本地特色，生产出了各具风味的优质雪茄，这当然也包括中国这个后起新秀。而且中国雪茄经历逾百年发展历史，已经独树一帜，成为全球雪茄全新的一极。

大约在 16 世纪末至 17 世纪初，即明朝万历年间，烟草开始传入中国，因其主要从菲律宾（古称吕宋）经中国东南沿海地区传入，因此国人最初将其称为吕宋烟，且被用作交际之物。例如，1896 年李鸿章访问欧洲时，当时英国人赠送给他一盒雪茄，烟标上印着他的朝服图像，烟盒上还烫着一行金字：中英邦交从此永固。尽管当时的记录中仍称其为吕宋烟，但随着需求量的不断增长，中国沿海地区逐渐出现了手工雪茄烟作坊。光绪二十九年（1903 年），山东兖州人赵仰献（字琴芳）投资，在兖州创办琴记雪茄厂。光绪三十二年（1906年），菲律宾华侨梁灏伦三兄弟在上海开设了福记雪茄烟厂（人和雪茄烟厂前身）。此时雪茄烟的外包装上已经出现雪茄一词，不再以吕宋烟称之。

光绪二十七年（1901年）李伯元创办了《世界繁华报》，并亲自撰写了一部连载小说《官场现形记》，该小说自1902年起至1903年在该报上连载，于1908年集结成册，独立出版。在《官场现形记》里出现了雪茄一词，那段话是这样写的："尹子崇一见洋人来了，直急得屁滚尿流，连忙满脸堆着笑，站起身拉手让座，又叫跟班的开洋酒，开荷兰水，拿点心，拿雪茄烟请他吃。"在这段文字中，已经清晰地使用了"雪茄"这个称呼。

民国七年（1918年），什邡人王叔言在四川成都科甲巷创建了一个雪茄作坊，销量很好。五年后这个雪茄作坊被王叔言迁回老家什邡，正式命名为益川工业社，专门生产爱国牌雪茄。

经过百余年的传承与创新，中国雪茄在全面吸收和创新国际雪茄技术与工艺的同时，坚守对中国传统烟草技艺的传承，坚持中国雪茄标准，努力使国产雪茄融进更多中国风味特征、更浓中国文化元素，实现了雪茄从"中国制造"向"中国创造"的跨越，中国已经成为继古巴雪茄和非古巴雪茄之外的全球雪茄"第三极"——中式雪茄，成为"新世界雪茄"中的一颗明珠。

人和雪茄烟厂雪茄广告

雪茄本是舶来品，进入中国后，在发展过

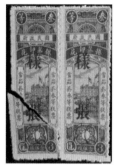

爱国牌雪茄烟盒

程中逐渐融入了中国的传统文化元素，形成了自己独特的风貌，无论是原料种植、烟叶处理技艺、雪茄配方、雪茄卷制工艺，还是品牌打造、包装风格，都透露出浓厚的中国风情。特别是中式雪茄在风味上独具特色，既有西方雪茄的醇厚与复杂，又融入了中国的淡雅与清新。其香气浓郁而不腻，口感柔和而绵长，令人回味无穷。中式雪茄的烟灰也呈现出细腻均匀的灰白色，显示出其高超的制作工艺和品质保证。此外，中式雪茄还注重与中华美食的搭配，无论是传统的中式菜肴还是现代的创意料理，都能与中式雪茄相得益彰，共同营造出一种独特的味觉体验。所谓中式雪茄，就是在中国境内生产的、以国内原料烟叶为核心、符合国人口味、体现中国雪茄卷制技术、蕴含中国文化元素、遵循中国雪茄标准的雪茄。中式雪茄从外观和内涵都饱含丰富的中国元素，具有独特的中式风味。2017年在深圳召开的行业雪茄会议上，国家烟草专卖局主管领导提出了"中式雪茄"标准，即"中国味道""中国元素""中国标准""中高端"，这一标准贴切地概括了中式雪茄的核心特征。

中国雪茄百年纪

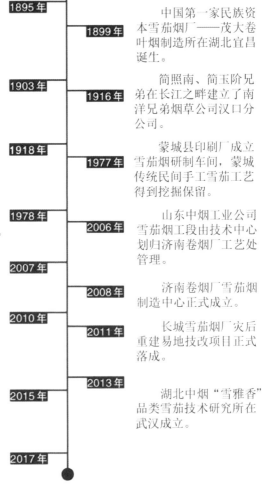

四川中江烟商吴甲山等创建中国第一个手工雪茄作坊，后并入长城雪茄烟厂前身什邡卷烟厂。

1895 年

1899 年

中国第一家民族资本雪茄烟厂——茂大卷叶烟制造所在湖北宜昌诞生。

山东兖州人赵仰献创办中国第一家雪茄烟厂——琴记雪茄厂。

1903 年

1916 年

简照南、简玉阶兄弟在长江之畔建立了南洋兄弟烟草公司汉口分公司。

以"什邡"益川工业社的成立为标志，中国雪茄逐步走上了工业发展轨道。

1918 年

1977 年

蒙城县印刷厂成立雪茄烟研制车间，蒙城传统民间手工雪茄工艺得到挖掘保留。

"长城"雪茄被指定为国礼赠送给尼泊尔。

1978 年

2006 年

山东中烟工业公司雪茄烟工段由技术中心划归济南卷烟厂工艺处管理。

川渝中烟工业有限责任公司长城雪茄烟厂成立。

2007 年

2008 年

济南卷烟厂雪茄烟制造中心正式成立。

四川烟草工业企业带头修订的《雪茄烟》国标正式发布。
安徽中烟对雪茄烟生产部进行易地技改。

2010 年

2011 年

长城雪茄烟厂灾后重建易地技改项目正式落成。

2013 年

四川中烟工业有限责任公司成立，长城雪茄烟厂进入改革发展提速期。

2015 年

湖北中烟"雪雅香"品类雪茄技术研究所在武汉成立。

中国雪茄博物馆在四川什邡开馆。

2017 年

　　中式雪茄作为中国传统工艺与现代审美理念的完美结合体,不仅承载着中华文化的独特魅力,也展现了中国人对美好生活的向往和追求。在未来的发展中,我们有理由相信中式雪茄将继续秉持创新精神,不断提升品质和服务水平,为国内外消费者带来更多优质、美味的雪茄产品。同时,我们也期待中式雪茄能够在国际舞台上绽放出更加璀璨的光芒,成为代表中国烟草文化的一张亮丽名片。

雪茄烟知识科普

雪茄的中式定义

雪茄是用经过风干、发酵、醇化后的原块烟叶卷制出来的纯天然烟草制品。

雪茄的颜色分类

青褐色

青褐色（Double Claro），也被称为美国市场精选（AMS）或 Candela，是在烟叶成熟前采收并快速烘干而呈现的一种茄衣颜色。这种颜色的茄衣烟叶色泽淡雅，略带清甜味，并含有少量油脂。

浅褐色

浅褐色（Claro），如淡咖啡般的颜色，是温和型雪茄的标准色。哈瓦那 H.Upmann 雪茄，以及采用康涅狄格州的遮阴制作的雪茄茄衣，都呈现出这种也被称为"自然色"的色泽。

中褐色

中褐色（Colorado Claro），如茶色般的优雅色泽，采用喀麦隆茄衣制造的多米尼加Partagas雪茄通常呈现这种颜色。

暗红褐色

暗红褐色（Colorado），是烟叶成熟后经完整发酵呈现的色泽，伴随着芬芳的香气。

深褐色

深褐色（Colorado Maduro），呈现这一色泽的雪茄，口感中等醇烈，香气较深黑褐色更浓，具有独特的醇郁风味。

深黑褐色

深黑褐色（Maduro），传统古巴雪茄的经典色泽，口感浓郁，如哈瓦那品牌Bolivar，很适合雪茄老手享用。

黑色

黑色（Oscuro），呈现这一色泽的雪茄，口感极浓郁，但不太有香味。当前，这种颜色的雪茄在生产和调制上相对较少。

雪茄的尺寸描述

雪茄长度

雪茄长度（Length）国际上普遍用英寸（in）来表示：

$$1\ in = 2.54\ cm$$

雪茄直径

雪茄直径用环径（Ring Gauge）来表示：

1 环径 =1/64 in 约合 0.04cm=0.4 mm

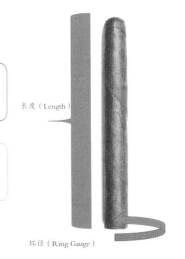

长度（Length）

环径（Ring Gauge）

02

中式雪茄

主要原料产区及烟叶特点

雪茄烟叶赖以生长的条件：
风土决定烟叶的风味和特点

　　雪茄烟叶，作为一种高度适应环境且可塑性强的经济作物，其卓越品质的形成离不开独特生态条件。从气候的微妙变化到土壤的细腻构成，每一环节都深刻影响着雪茄烟叶的风格与特色，共同绘制出一幅幅风味独特的烟叶画卷。

云南普洱雪茄烟叶晾晒房　陈丹 / 摄

气候的魔法：塑造烟叶灵魂的笔触

在雪茄烟叶的生命旅程中，气候因子如同无形的画师，以其多变的笔触在烟叶上勾勒出生动的图案。温度，作为最直接的调控者，要求大田生长期平均气温维持在 20 ~ 25℃的黄金区间，这样的气温确保了烟株的苗壮成长，又避免了高温带来的烟株纤弱与低温导致的生长迟缓。降水量与湿度的精准调控，则如同细腻的水墨，滋润着烟叶的每一寸肌肤，确保其既不过干而失水分，亦不过湿而涣散。光照，则是绘制这幅画卷的点睛之笔，适度的遮阴促进了光合作用的微妙平衡，赋予了茄衣叶片完美的形态与色泽。

优质雪茄烟叶种植主要适宜性气候指标

生育期	温度 /℃	总雨量 /mm	光照 /h	平均相对湿度 /%
育苗期	18 ~ 25	100 ~ 200	40 ~ 80	75 ~ 85
大田期	19 ~ 28	600 ~ 900	500 ~ 800	75 ~ 85

土壤的奥秘：滋养烟叶的温床

土壤，作为雪茄烟叶生长的摇篮，其质量与特性直接关系到烟叶的最终品质。优质沙壤土以其疏松的结构、良好的保水保肥能力及排水通气特性，成为雪茄烟叶的理想栖息地。这种土壤不仅促进了根系的发达，增强了植株的抗逆性，更为烟叶的生长提供了源源不断的养分支持。而微酸性的土壤，则进一步确保了烟叶在最佳生长环境中苗壮成长，使其具有了最为迷人的风味。

正是因为雪茄烟叶的生长需要较为特别的风土环境，因此，尽管作为全球范围内广泛种植的重要经济作物，烟叶种植覆盖了全球超过 120 个国家和地区，但在众多烟草种植地中，能够孕育出适合卷制优质雪茄烟叶的土地却相对稀缺，主要集中在拉丁美洲、加勒比海地区、北美洲、亚洲和非洲的特定区域。由于各个国家和地区的地理位置、气候条件和土壤环境的差异，种植的烟叶品质和风味也就各具特色。这种地域差异不仅赋予了雪茄独特的口味，还使得每一款雪茄都充满了地域"性格"。

古巴　独特的自然条件与精湛的种植技术，赋予了古巴烟叶强劲醇厚、浓郁而富有层次感的香气，略带辛辣与胡椒味，成为全球雪茄爱好者的首选。

多米尼加　锡巴奥河谷土壤肥沃，含有丰富的矿物质，孕育了多米卡诺和皮罗托库巴诺两款高端烟叶，前者烟劲大、香气独特，后者香气多元、浓度强劲，它们共同构成了多米尼加雪茄的优质原料。

尼加拉瓜　得益于与古巴相似的土壤、气候及古巴移民带来的技术，尼加拉瓜出产的烟叶宽大、尼古丁含量高，香味浓郁多元，成为雪茄调味的重要选择。

洪都拉斯　洪都拉斯的气候较为炎热、干燥，烟叶整体特点与古巴有

点相似，烟气浓郁，口感较为强烈。洪都拉斯种植的本国原有主要品种有科帕内可（Copaneco）、康涅狄格阴植品种（Connecticut Shade）和洪都拉斯苏门答腊品种（Honduras–Sumatra）。

牙买加　烟叶口感温和，主要用作茄芯原料，以其温润、柔和的特点深受喜爱。

哥斯达黎加　浅色晾烟产量高，烟叶中等浓郁，无鲜明特色，适合多种雪茄制作。

巴西　烟叶颜色深暗，味道浓郁芳香，辛辣中带甜，产量大且质量上乘。

墨西哥　作为烟草原产地，其烟叶种植历史悠久，烟叶口感浓烈、略带辛辣，常用于制作混合雪茄。

美国　雪茄烟叶主要产于康涅狄格州，康涅狄格河谷被誉为"烟草谷"，这里气候温和、四季分明，年均降水量大，出产顶级雪茄茄衣原料，烟叶的叶片大、厚，油性重，口感温和，香气醇正。

喀麦隆　气候温和湿润，年平均气温高，降雨量大。所产雪茄烟叶品质优良，叶薄且油亮，颜色深棕，香气足，口感丰富。贝儿图阿地区烟叶尤为出色，叶片大、厚度适中，色泽光亮，味道甜美，适合制作浓味雪茄茄衣。

印度尼西亚　雪茄烟叶主要产区在苏门答腊岛和爪哇岛，烟叶颜色深、质地厚实，口感清甜醇厚，带有明显的胡椒味和肉桂、泥土、花香等复杂香气，略带甜味，深受欧洲雪茄消费者喜爱，主要用于茄衣原料。

中式雪茄原料产区生态条件：
造就风味独特的中式雪茄原料

中国幅员辽阔，南北相距约 5500 公里，跨越纬度近 50°，广泛的地理分布使得许多地区都适宜种植烟草，从而奠定了中国作为世界烟草种植第一大国的地位，其产量约占全球总量的三分之一。然而，适宜种植雪茄原料烟叶的区域却相对集中，主要分布在四川、海南、湖北、浙江、云南和福建等少数省份。由于这些地区的生态条件差异显著，各产区所产的雪茄原料烟叶风味独特，各具特色。

孙明明／摄

四川德阳

自然地理概况

  四川德阳市什邡市地处成都平原西北部，接近北纬"烟草黄金"纬度的地理区域，平均海拔 500 ~ 600m，地跨东经 103° 47′ ~ 104° 16′、北纬 31° 0′ ~ 31° 32′，纬度介于古巴、美国康尼狄格等世界著名雪茄产地之间。辖区面积 821km²，辖地东西宽 9.5 ~ 22.5km，南北长 61.3km，呈狭长的两端宽、中腰窄的玉如意形状。北部为山区，约占辖区面积的 54.9%，最高点茶坪山狮子王峰海拔 4980m。南部平坝约占辖区面积的 44.3%，最低点马井镇张家巷子海拔 498.9m。

气候条件

　　什邡市属亚热带湿润气候，种烟区气候温和，雨量充沛，四季分明。春季回暖早，但不稳定，常有冷空气入侵；夏季无酷暑，降水集中；秋季降温快，多绵雨；冬季无严寒，少雨雪。年平均气温约为 16.2 ℃，总降雨量约为 700mm。无霜期达 280 d 以上，全年日照时数约 1200 h，呈"抛物线"变化趋势。4 月下旬至 9 月中旬烟叶生育期内的日照总时数为 384.9 ～ 803.6h。降雨主要集中在 5 ～ 9 月，其间降水充沛、云雾多、日照强度适中，这些条件使雪茄烟叶能够形成叶脉细致、叶片厚度适中、结构疏松等较好的品质特点。

四川德阳什邡雪茄烟田

土壤条件

　　什邡烟区属都江堰自流灌溉区，境内有石亭江、鸭子河、小石河等河流，灌溉十分方便。地势平坦，土壤为紫色土类型，多为新冲积油沙土壤，耕层深厚，有机质含量高，肥力较强。土壤富含烟叶生长所需的各种营养元素，其中全氮含量平均为 2.03g/kg，碱解氮含量平均为 172mg/kg，有效磷含量平均为 63.6mg/kg，速效钾含量平均为 188.1mg/kg。土壤呈偏微酸性，pH 值一般在 6.0 ~ 6.5。这些条件非常适合烟叶生长，使得产出的烟叶燃烧性好，烟灰呈灰白色。

烟叶质量特征

雪茄烟叶植株

什邡烟区雪茄烟叶颜色呈浅褐色到中褐色，分布较均匀，叶脉中等至稍粗，身份（即叶片的厚度和组织密度）中等至稍厚，叶片结构较疏松，油分适中。雪茄烟风格特征较明显，以豆香、焦甜香为主，辅以干草香、烘焙香等香韵，烟气浓度中等至较浓，稍细腻，醇和度较好，甜度稍好，透发性较好，略有青杂气或枯焦气，燃烧性较好，烟灰呈灰色、灰白色，适宜作香味型和浓度型原料。

四川达州

自然地理概况

达州市地处中国的西南地区、四川省东部，介于东经106°39′~108°32′、北纬30°19′~32°20′。达州市地处川、渝、鄂、陕四省市结合部和长江上游成渝经济带。地势东北高(大巴山区)，西南低(丘陵地带)。大巴山横亘在万源、宣汉北部，明月山、铜锣山、华蓥山由北而南，纵卧其间，将达州市分割为山区、丘陵、平坝3块，山地占辖区面积70.70%，丘陵占28.10%，平坝占1.20%。

生态条件

气候条件

达州属亚热带湿润季风气候类型，四季分明，雨量充沛，年平均气温在14.7~17.6℃，无霜期为258~300d，年平均降雨量1000~1300mm。在雪茄烟叶生育期内，温度在20~28℃，>10℃活动积温在2800℃以上，日均温大于20℃持续日数在70~85d，这能够很好地满足雪茄烟株的生长需要。达州雪茄烟叶生育期（5~8月）内，平均气温约25.07℃，>10℃积温约3039.13℃，能较好地满足雪茄烟叶的生长。优质雪茄烟叶生长需要较大的空气湿度，以70%~80%为宜，达州雪茄烟叶生育期内降雨充沛、云雾多、空气湿度高达76.03%，完全符合优质雪茄烟叶生长的要求。

土壤条件

达州市土壤类型有水稻土、紫色土、黄壤、黄棕壤、石灰岩土、新积土和黄棕壤等，以紫色土、水稻田、黄壤为主，土壤质地多为砂土、壤土和中壤土。达州烟区土壤 pH 值略偏酸，有机质平均含量约为 15.9g/kg，全氮平均含量约为 1.09g/kg，有效磷平均含量约为 21.25mg/kg，速效钾平均含量约为 117.57mg/kg，土壤养分含量在适宜范围内，适宜雪茄烟叶生长。

烟叶质量特征

达州烟区雪茄烟叶颜色以中褐色为主，分布均匀，叶脉中等至稍粗，身份中等至稍厚，叶片结构较疏松，油分适中。雪茄烟风格特征较明显，以蜜甜香和糯米香为主，辅以木香、烘焙香等香韵，烟气浓度中等，较细腻，醇和度较好，甜度较好，透发性较好，略有青杂气，燃烧性中等，烟灰呈灰色、灰白色，适宜作香味型和浓度型原料。

四川达州雪茄烟田（刘瑞 / 摄）

湖北十堰

自然地理概况

十堰市丹江口市的"均州名晒烟"自崇祯三年（1630 年）从美洲传入并种植成功，至今已有近 400 年历史，在民国时期，该晒烟曾获得首届巴拿马太平洋万国博览会银奖，由此名扬天下。1984 年，均州名晒烟被列入《全国名晾晒烟名录》。2013 年，该晒烟被批准实施农产品地理标志登记保护。悠久的晒黄烟种植历史为丹江口市发展雪茄烟叶增添了深厚的品牌文化底蕴。丹江口市是南水北调中线工程的核心水源地，被誉为"亚洲天池"，库区水域总面积约 1022km^2，形成得天独厚的内陆人工湖泊小气候，光照适量，空气湿润。区域内土壤肥力适中、质地疏松、通透性好，宜烟耕地面积超过 10 万亩。

生态条件

气候条件

十堰丹江口烟区具有得天独厚的生态优势，光照适宜、雨量充沛，生态条件适宜。烟叶大田生长阶段在 4 ～ 8 月，在此期间，日照时数不小于600h，平均降雨量不小于 800mm，日平均气温高于 20℃的累积天数不少于70d，田间适宜温度在 20 ～ 35℃；年平均相对湿度保持在 70% ～ 80%。在烟叶晾制期（7 ～ 9 月），烟区适宜的温度和湿度条件促使内含物充分转化，确保晾制前期烟叶能够及时凋萎并呈现出理想的颜色，进而后期保障烟叶迅速干筋，达到组织疏松、柔韧性好的效果。整体来看，丹江口具备生产优质茄衣、茄芯烟叶的天然条件。

土壤条件

十堰丹江口烟区分布在南水北调中线工程水源地丹江口水库周边的丘陵河谷地带，海拔在 200 ~ 350m，土壤肥

湖北十堰地貌　刘瑞楠／摄

力适中至较高水平，土壤的 pH 值为中性；碱解氮平均含量约为 88.7mg/kg；速效钾平均含量约为 161.7mg/kg。中、微量元素含量丰富，水溶性氯含量较低（小于 10mg/kg）。土壤条件可满足优质雪茄烟叶生产需求。

烟叶质量特征

湖北十堰雪茄烟田　刘瑞楠／摄

十堰丹江口烟区雪茄烟叶颜色呈浅褐色到中褐色，分布均匀，叶脉中等，身份中等，叶片结构尚疏松，油分适中。雪茄烟风格特征较明显，以清甜香为主，辅以干草香、木香等香韵，烟气浓度稍小至中等，较细腻，醇和度较好，甜度较好，透发性较好，稍有青杂气，燃烧性较好，烟灰呈灰色、灰白色，适宜作茄衣或填充型茄芯原料。

湖北恩施

湖北省恩施州来凤县地处鄂、湘、渝三省市交界处,武陵山腹地、北纬 30° 神秘带中。境内武陵山绵延,西水河纵贯,冬无严寒,夏无酷暑,雨热同季,光照适宜,属典型的亚热带季风性山地湿润气候。来凤县地域南北狭长,县内西北高,东南低,最高海拔约 1621.3 m,最低海拔约 339.9m,相对恩施州内其他县市来说地势平坦,平均海拔约 680m,海拔 800m 以下区域约占全县总面积的 78%。得天独厚的地理环境和良好生态环境,使来凤成为优质雪茄烟叶种植区之一,雪茄烟叶已成为县域主要经济作物之一。

湖北恩施烟田

生态条件

气候条件

恩施来凤烟区的大田期平均气温为 20 ~ 28℃，≥ 20℃的有效积温约为 3500℃，累计光照约为 650h，≥ 35℃年平均高温日数约为 9.9d，≥ 37℃酷暑日数年均仅 1.2d。温度适宜，光照充足，有利于延长烟草的营养生长期，从而促进叶片增大和烟叶高产。同时，降水适中，降雨时段与烟叶需水高峰期基本一致，大田生长期的累计雨量为 700 ~ 900mm，正常年份降水都能满足生长需求，良好的光照条件有利于积累更多的光合产物，促进叶片成熟。在烟叶采收晾制期，平均空气湿度 70% ~ 80%，有利于促进晾晒烟叶内在物质的充分转换，提高烟叶品质。由于烟区多云雾，来凤县光照强度较恩施州北部相对较弱，这种柔和且适宜的光照条件有利于雪茄茄衣烟叶的生产。

湖北恩施烟叶晾晒房

土壤条件

恩施来凤烟区有红壤、黄壤、黄棕壤、石灰（岩）土、紫色土、潮土、沼泽土，水稻土 8 种土壤类型。烟区主

湖北恩施地貌

要以沙壤土为主，且土层深厚，与古巴的土壤具有相似性，既具备良好的保水保肥能力，又具有一定的排水和通气能力。有机质含量丰富，碱解氮平均含量约为 111.5 mg/kg，有效磷平均含量约为 17.5 mg/kg，土壤 pH 值大多在 5.5 ~ 6.5，非常有利于发展优质雪茄烟叶。

恩施来凤烟区雪茄烟叶颜色以红褐色为主，油分较足，具有良好的成熟度，色泽较均匀，叶脉主脉和支脉中等，身份中等，韧性较好。雪茄烟有一定风格特征，以焦甜香为主，辅以烘烤香、坚果香，烟气饱满，浓度中等至较浓，劲头较大，香气质中等，余味较干净，甜感较好，燃烧性中等，烟灰呈灰色、灰白色。

湖北宜昌

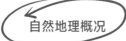

自然地理概况

湖北宜昌烟田（一）

宜昌五峰土家族自治县（以下简称五峰）隶属湖北宜昌市，位于鄂西南，地处北纬30°，属亚热带温湿季风气候，平均海拔约为1100m，森林覆盖率约81%，居全省县域之首，素有"绿色宝库""武陵仙源"的美誉，全县总面积2372 km²，常用耕地面积28.5万亩。烟叶是五峰农业农村传统优势产业，五峰位于武陵秦巴生态区，是传统的优质晾晒烟产区。这里山地气候显著，四季分明，雨量充沛，光照充足，具备生产优质雪茄烟叶的生态优势。

生态条件

湖北宜昌烟田（二）

气候条件

宜昌五峰烟区种植自然条件优越，山地气候显著，四季分明，雨量充沛，光照充足。年平均日照时数约为1553h，日照百分率约为35%，年均气温在13 ~ 17℃，≥ 10℃的活动积温在4500 ~ 5500℃，≥ 20℃的活动积温在2300 ~ 3300℃，无霜期为250 ~ 280d，年降水量约为1652mm。气候条件可满足生产优质雪茄烟叶的要求。

土壤条件

宜昌五峰烟区耕地土壤以山地黄棕壤为主，约占68.4%，红壤、黄壤占16.9%。有机质含量在19.46 ~ 30.01g/kg，碱解氮含量在132.65 ~ 181.55mg/kg，速效磷含量在18.43 ~ 23.85mg/kg，速效钾含量在178.86 ~ 228.97 mg/kg，pH值处于5.3 ~ 6.5适宜范围，有效钼、铜、交换性钙、镁、锰、硫等其他微量元素含量也基本在适宜范围之内。

烟叶质量特征

宜昌五峰烟区雪茄烟叶颜色以浅褐色为主，较均匀，身份中等，油分中等，韧性中等。雪茄风格特征较明显，以蜜甜香、花香为主，香气较丰富，浓度中等，略有雪茄独有的辣感，燃烧性中等，烟灰呈灰色、灰白色，适宜作雪茄茄芯原料。

云南玉溪

自然地理概况

　　玉溪市位于云南省中部，地理坐标处于北纬 23° 19′ ～ 24° 53′、东经 101° 16′ ～ 103° 09′，与古巴光热资源相似。这里的立体气候特征十分明显，既有四季如春的山区平坝，也有被称为"天然温室"的谷地，光照、温度、雨量与优质烟叶的生长需求相匹配。雪茄烟叶生育期间的光、温、雨三大要素变化趋势与古巴相似，具有得天独厚、不可复制、不可替代的优质烟叶生产生态优势。

生态条件

气候条件

　　玉溪气候温和，一年四季温差在 16℃左右，以春秋气候为主。年平均气温为 12.1～23.8℃，年均降水量在 600～2000mm，相对湿度为 69%～85%，属亚热带季风气候区，光热资源充足，雨热同期。雪茄烟叶种植选取在群山中的河谷，海拔约 560m，大田生长期平均气温为 23.9～29.1℃，月降雨量为 60～226mm，相对湿度为 50%～85%，独特的低海拔河谷地区具备优质雪茄种植的天然条件。

云南玉溪雪茄烟田

土壤条件

玉溪市土壤有 9 个土类，主要包括赤红壤、红壤、黄棕壤、棕壤等土壤类型，其中，赤红壤自然肥力较高，是玉溪市生产潜力最大的土壤资源。玉溪烟区土壤结构疏松、排水性能良好、富含有机质，土壤 pH 值均在 5 ~ 7，土壤有机质含量均大于 20g/kg，土壤肥力水平适宜优质雪茄茄芯烟叶的种植。

烟叶质量特征

玉溪烟区雪茄烟叶颜色以中褐色为主，较均匀，叶脉中等至稍粗，身份稍厚，叶片结构稍密，油分尚足。雪茄烟风格特征较明显，以清甜香为主，辅以蜜甜香、木香等香韵，烟气浓度中等，稍细腻，醇和度稍好，甜度较好，透发性较好，基本无杂气，燃烧性较好，烟灰呈灰色、灰白色，适宜作手工雪茄茄芯和茄套原料。

云南保山

保山市的气候和土壤条件与世界优质雪茄烟产区，如古巴的哈瓦那附近地区，具有一定的相似性，这使得保山市在种植雪茄烟叶方面具有得天独厚的优势。特别是隆阳区杨柳乡、腾冲市中和镇、龙陵县勐糯镇等地，其光照、温度、水分、土壤及空气湿度等条件均与世界优质雪茄烟产区相似，为雪茄烟叶的种植提供了理想的自然条件。

保山市位于云南省西部，地处滇西居中位置，地势西北高，东南低，境内大部地区属亚热带季风气候。这种气候类型使得保山市拥有众多自然资源，包括丰富的地热资源和褐煤储量等。同时，保山市生态环境优美，空气洁净无污染，有利于保证雪茄烟叶的纯净度和品质，为雪茄烟叶的生长提供了良好的生态环境。

郭明明／摄

气候条件

保山市的气候温暖湿润，适合雪茄烟叶的生长。特别是春夏季，气温高，光照强，有利于茄芯烟叶的种植；而秋冬季气温适宜，云雾多，湿气大，则适合茄衣烟叶的种植。

保山市降雨丰沛，年降水量适中，且分布较为均匀。这有利于保持土壤湿度和烟叶的生长环境稳定，同时也为烟叶的灌溉提供了可靠的水源保障。

保山市年日照时数较长，光照充足且分布均匀。这对于雪茄烟叶进行光合作用、积累干物质和香气成分至关重要。

土壤条件

保山市的土壤类型多样，包括红壤、紫色土等，这些土壤类型肥沃且富含多种元素，有利于雪茄烟叶的生长和养分的吸收。

保山市的土壤质地适中，既不过于黏重也不过于疏松，有利于烟叶根系的生长和发育。同时，土壤排水性能良好，有利于避免水涝对烟叶生长的不利影响。

　　适宜的土壤 pH 值是保证雪茄烟叶生长的重要因素之一。保山市的土壤 pH 值适中，有利于雪茄烟叶的生长和养分的有效吸收。

烟叶质量特征

　　云南保山市的雪茄烟叶颜色以棕褐色为主，颜色均匀，油分较足，显示出良好的成熟度。烟叶表面光泽度较高，反映出烟叶在生长过程中得到了充足的阳光照射和适宜的水分管理。烟叶叶片结构疏松，细胞发育良好，有利于烟叶的燃烧和香气的释放。叶片厚度适中，既不过于薄也不过于厚，保证了烟叶的韧性和拉力。叶脉细致且分布均匀，有利于烟叶的卷制和成型。烟叶身份适中，符合优质雪茄烟叶的标准。烟叶内总氮、烟碱、总糖、还原糖、蛋白质、钾、氯等主要化学成分含量适宜，比例协调。这些化学成分的组合有利于烟叶的燃烧性和香气的释放。

　　云南保山市的雪茄烟叶风格特征明显，能够体现出雪茄特有的香韵特征，有木香、焦甜、烘焙、咖啡等主体香韵，同时，还伴有坚果香、花香以及雪茄特有的辛辣味道，使得香气层次丰富、浓郁度适中。烟叶口感醇和、劲头适中，吃味舒适，无刺激性。余味较干净且有一定回甘，蜜甜香特征明显。

云南临沧

自然地理概况

临沧市地处云南省西南部，地理坐标在东经98°40′～100°32′、北纬23°05′～25°03′，北回归线横穿辖区南部，澜沧江、怒江分别流经辖区东西两侧，东邻普洱市，北连大理白族自治州，西接保山市，西南与缅甸交界。临沧市河流分属怒江、澜沧江两大水系，集水面积大于 1000km² 的河流有 7 条，即罗闸河、小黑江、南汀河、南捧河、永康河、

勐勐河和南滚河。临沧市地处横断山系怒山山脉南延部分，属滇西纵谷区，亚热带低纬高原山地季风气候，水资源丰富，是国家重要的水电能源基地，云南重要的蔗糖生产基地。全境重峦叠嶂，群峰纵横。境内最高点为海拔 3429m 的永德大雪山，最低点为海拔 450m 的孟定清水河，相对高差达 2979m 左右。地势中间高，四周低，并由东北向西南逐渐倾斜。

云南临沧雪茄烟田

生态条件

气候条件

临沧市属低纬高原山地季风气候，全市年均气温 18.8℃，无霜期在 337～363d，年均降雨量 1259mm。临沧的气候特点与古巴雪茄烟优质产区类似，干季雨季分明，雨季雨水较多，干季日照时间长，年均日照数在 2000h 以上，霜期较短，部分地区终年无霜；在低海拔的河谷地区，气温通常在 19℃以上，亚热带低纬度热区面积约占全市总面积的 1/3，约占云

南热区面积的 11.4%。尤其是西南部南汀河流域间的低海拔、低纬度的冲积平坝和低谷区域，具有典型亚热带气候特征，海拔高度 600m 以内，光、温、水、热充足，年均气温约为 23℃，年降雨量约 1500mm，年日照时数约为 2100h，全年无霜，空气相对湿度在 79% 左右，具备优质雪茄烟叶生产条件的耕地面积上万亩，发展潜力较大。

土壤条件

临沧烟区土壤 pH 值约为 5.39，有机质含量平均为 24.29g/kg，全氮含量平均为 1.58g/kg，碱解氮含量平均为 114.26mg/kg，有效磷含量平均为 32.93mg/kg，速效钾含量平均为 197.42mg/kg，交换性镁含量平均为 196.81mg/kg，水溶性氯离子含量平均为 17.48mg/kg。整体来看，烟区土壤养分含量属中上水平，能满足雪茄烟叶生长需要。

烟叶质量特征

临沧烟区雪茄烟叶颜色以中褐色为主，尚均匀，叶脉细致至中等，身份中等，叶片结构较疏松，油分中等。有一定雪茄烟风格特征，以清甜香为主，辅以蜜甜香、奶香等香韵，略有雪茄辛辣味道，喉部有残留，烟气浓度中等，稍细腻，醇和度稍好，甜度较好，透发性较好，略有青杂气，燃烧性较好，烟灰呈灰色、灰白色，适宜作手工雪茄茄芯、茄套和茄衣原料。

云南临沧烟田（陈丹）

海南五指山

自然地理概况

五指山位于海南省中南部，主峰在五指山市境内，是海南省的最高山脉，素有"海南屋脊"之称。其独特的地理位置为雪茄烟叶的种植提供了优越的自然条件。

五指山山体基础为距今 1.4 亿至 1.7 亿年的中酸性喷出岩所覆盖，经过长期强烈的自然侵蚀切割，山峰彼起此伏，形似五指，因此得名。这样的地形地貌有利于形成多样化的微气候环境，为雪茄烟叶的生长提供了丰富的气候资源。

五指山地区的土地组成以中酸性喷岩为主，加上历年腐烂的枯枝落叶堆积，土质较肥沃，适于热带和亚热带植物生长。这为雪茄烟叶的根系发育和养分吸收提供了良好的土壤基础。

生态条件

五指山地区生态环境优美，空气洁净无污染，为雪茄烟叶的生长提供了良好的生态环境。这种无污染的环境有利于保证雪茄烟叶的纯净度和品质。五指山地区水资源丰富且水质优良，为雪茄烟叶的灌溉提供了可靠的水源保障。同时，良好的水资源条件也有利于保持土壤湿度和烟叶的生长。

气候条件

五指山地区由于纬度低、海拔高，气候类型属热带雨林气候，冬暖夏凉，不受寒潮侵袭，也不受台风影响。夏季平均气温约为 25℃，冬季平均

海南烟田雪茄烟苗培育大棚 刘瑞楠／摄

气温约为17℃，这样的温度条件非常适合雪茄烟叶的生长。雪茄烟叶对温度有严格要求，25 ~ 35℃是它们理想的生长环境。五指山地区年降雨量在1800 ~ 2000 mm，相对湿度为84%，这样的湿度条件有助于雪茄烟叶的叶片保持柔嫩和光泽，进而提升烟叶的品质。五指山地区年平均日照数约为2000 h，光照充足且分布均匀，有利于雪茄烟叶进行光合作用，从而能积累丰富的干物质和香气成分。

土壤条件

海南产区主要土壤类型为砖红壤和赤红壤，分别占土地总面积的53.42% 和10.01%，此外，还有黄壤、火山灰土、水稻土等多种土壤类型。土壤矿物质含量丰富，多数土壤的硒含量较高，90% 土壤达到国家

一、二级环境质量标准，土壤 pH 值在 5.6 ~ 6.2，土壤有机质含量在 14.00 ~ 23.00 g/kg，非常适宜雪茄烟种植。

烟叶质量特征

　　海南五指山产区雪茄烟叶颜色呈浅褐色至中褐色，较均匀，叶脉细致至中等，身份中等，叶片结构疏松至尚疏松，油分尚足。雪茄烟风格特征较明显，以蜜甜香、烘烤香为主，辅以坚果香、木香、粉脂香等香韵，烟气浓度偏小至中等、较细腻，醇和度较好，甜度稍好，透发性较好，略有青杂气，燃烧性中等，烟灰呈灰色、灰白色，适宜作茄衣或入门级茄芯原料。

海南东方

自然地理概况

海南东方市位于海南省的西部沿海地区，地处北纬18° ~ 20°，是海南岛上一个重要的农业区。东方市东南部为山地和丘陵，西北部为平原和台地，地势东高西低，由东南向西北倾斜，多样的地形为雪茄烟叶的生长提供了不同的微气候环境。

生态条件

东方市生态环境优美，空气洁净无污染，为雪茄烟叶的生长提供了良好的生态环境。这种无污染的环境有利于保证雪茄烟叶的纯净度和品质。东方市水资源丰富且水质优良，为雪茄烟叶的灌溉提供了可靠的水源保障。充足的水资源有利于保持土壤湿度和烟叶的生长环境稳定。

气候条件

东方市属于热带季风海洋性气候，具有干湿两季分明的特点。这种气候类型对于雪茄烟叶的生长来说，既有利于烟叶在干季积累养分，又能在湿季保持土壤湿度，促进烟叶生长。东方市的年均气温较高，有利于雪茄烟叶的生长。雪茄烟叶对温度有一定的要求，适宜的生长温度范围在25 ~ 35℃，而东方市的气候条件正好满足了这一要求。东方市的年均降水量虽然只有1100mm左右，但年均蒸发量高达2000mm左右，年蒸发量大于年降雨量，这种气候特点有利于烟叶在生长中避免过湿导致的病害问题。东方市的年均日照总时数超过2900h，光照充足且分布均匀，这对于雪茄烟叶进行光合作用、积累干物质和香气成分至关重要。

土壤条件

东方市的土壤富含多种元素，且台风少、降雨量少，这些条件都有利于雪茄烟叶的种植。据专家团队调研发现，东方市的土壤和气候条件与加勒比海地区相似，尤其是与古巴相似，这为在东方市种植优质雪茄烟叶提供了有力的支持。东方市的土壤质地适中，既不过于黏重也不过于疏松，

有利于烟叶根系的生长和养分的吸收。东方市的土壤 pH 值较为适宜，有利于雪茄烟叶的生长和发育。

烟叶质量特征

海南东方市雪茄烟叶的外观颜色呈现棕红至棕褐色，色泽均匀，展现出良好的成熟度和健康的生长状态。烟叶表面油分充足，使得烟叶更加饱满且富有光泽。叶片薄而平整，叶组织细致，叶脉细而清晰。这种叶片结构不仅有利于烟叶的燃烧，还能提升雪茄的整体口感。叶片外形舒展、大而完整，非常适合用于制作雪茄的茄衣，因为茄衣的质量对于雪茄的整体品质至关重要。

海南东方市雪茄烟叶具有较浓郁的雪茄香味，香气纯正且浓郁，劲头适中，余味干净且舒适。这些特点使得东方市的雪茄烟叶在香气和口感上表现出色。在发酵过程中，烟叶的香气物质得到进一步积累和提升，使得雪茄烟的香气更加复杂和丰富。

海南东方市雪茄烟叶的化学成分比例协调，如还原糖、总糖、总氮、总植物碱和钾等成分的含量均处于适宜范围内。这些化学成分对烟叶的燃烧性、香气和口感等方面均有重要影响。

03

中式雪茄

叶组配方

晾晒中的雪茄烟叶　陈丹／摄

　　每一支精致的雪茄，皆是匠心技艺与美学理念的完美融合，其手工制作的精髓，在于巧妙地将茄芯、茄套与茄衣三大部分融为一体，共同呈现出一场味觉与视觉的双重盛宴。

　　茄芯，作为雪茄的灵魂所在，精选自三到五种源自不同地域、风味各异的烟叶，它们犹如调色板上的色彩，相互交织，共同绘制出雪茄独有的风格画卷，奏响其独特的香气乐章。这些烟叶不仅承载着雪茄的核心风味，更以其卓越的填充性能和层次感，确保了每一口烟气的饱满与丰富。

　　茄套，则是守护这份精髓的坚固防线，它作为茄芯与茄衣之间的桥梁，不仅承担着固定茄芯、保持雪茄完美形态的重任，更以其出色的抗张强度、优异的弹性和卓越的燃烧性能，确保了雪茄在燃烧过程中的平稳与持久。

茄套烟叶的精心挑选，是对雪茄品质的不懈追求，更是对品鉴者每一次点燃雪茄时那份期待的尊重与承诺。

茄衣，作为雪茄的华丽外衣，它不仅是视觉上的享受，更是雪茄身份与品味的象征。优质的茄衣烟叶，油分均匀，叶脉细腻如丝，轻薄柔软而富有韧性，仿佛为雪茄披上了一层温润如玉的华服。其卓越的燃烧性，更是让雪茄在燃烧过程中形成完美的灰烬，每一次轻烟袅袅升起，都是对雪茄精湛制作工艺的深情颂歌。

因此，提升雪茄的润色，不仅仅是对外观的雕琢，更是对内在品质的极致追求。从茄芯的精心配比到茄套的严格筛选，再到茄衣的细腻雕琢，每一个环节都凝聚着匠人的心血与智慧，共同铸就了雪茄这一宛如艺术品的杰作。

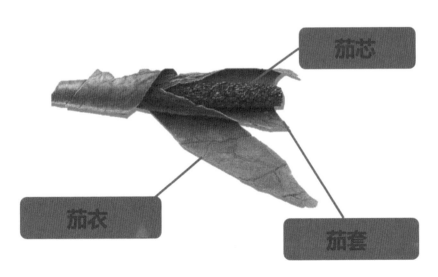

雪茄产品配方结构的基础：单料烟

　　单料烟是构建雪茄产品配方结构的基础，设计任何一个产品配方，首先都要对构成配方的主要原料——不同等级、不同类型的烟叶进行内在、外在质量的鉴定。而内在质量的好坏、香味的浓淡则在很大程度上依赖于我们感觉器官的评判，可见单料烟的感官评吸对设计配方的重要性。

雪茄原料的种植　陈丹　摄

如何调配雪茄：请调配大师为我们讲解

调配雪茄的精湛技艺，是艺术与技术的完美融合，使得雪茄大师们能够匠心独运，创造出一件件令人赞叹的杰作。它不是对烟叶的简单组合，而是对风味、香气、燃烧性能等多方面因素的精妙平衡。

雪茄配方的艺术化创造

在雪茄的世界里，配方就是其灵魂所在。每一款高档手工雪茄的诞生，都源自对烟叶品种与部位的精心挑选与巧妙搭配。大师们会根据雪茄的预设风格、目标消费群体以及市场定位，精心设计出独一无二的配方。这个过程，既是对传统技艺的尊重与传承，也是对创新精神的不断追求。

茄芯：风味与浓度的核心

茄芯，作为雪茄的心脏，其构成尤为关键。通常，一支上乘的雪茄茄芯会由三种不同类型的烟叶精心组合而成。浓度型烟叶——源自烟草植株的上部，即浅叶。这些烟叶经过长时间的醇化（往往三年以上），色深味浓，散发出甜熟而迷人的芳香，为雪茄提供了丰富的口感层次和浓郁的基底风味。香味型烟叶——采自烟草植株的中部，即干叶。它们介于优雅的清香与甜熟的浓香之间，为雪茄增添了细腻而多层次的香气。助燃型烟叶——来自烟草植株的底部，主要用于填充和助燃。这些烟叶虽然不直接贡献太多风味，

但它们在燃烧过程中起到了稳定火源、保持雪茄结构完整的重要作用。

茄套与茄衣：形态的守护与风格的展现

茄套，作为茄芯与茄衣之间的过渡层，不仅要固定茄芯、保持雪茄的形状，还要具备良好的抗张强度、弹性以及燃烧性能，确保雪茄在燃烧过程中的平稳与持久。

茄衣，则是雪茄的华丽外衣，它直接决定了雪茄的外观与第一印象。优质的茄衣烟叶油分均匀、叶脉细致、柔软且富有弹性，燃烧性好，能够完美地表征雪茄的身份与风格。不同的茄衣颜色、质地和光泽，都会为雪茄增添不同的魅力与风情。

调配的艺术：平衡与和谐

在调配雪茄时，大师们需要综合考虑各种烟叶的特点与特性，通过不断尝试与调整，找到它们之间的最佳平衡点。这个过程需要极高的专业素养、敏锐的感官能力以及对雪茄文化的深刻理解。只有当各种烟叶在风味、香气、燃烧性能等方面达到和谐统一时，才能创造出令人难以忘怀的雪茄佳品。

调配艺术：烟叶组合的意义

叶组配方，堪称雪茄的灵魂塑造者，它赋予每一支雪茄独特的韵味与生命力。在这个精妙的过程中，每一片烟叶都承载着自然的馈赠与时间的沉淀，它们独特的韵味交织在一起，共同绘制出雪茄复杂而迷人的风味图谱。

雪茄卷制过程　陈升／摄

地域的变迁、气候的微妙差异，乃至岁月的更迭，都深刻影响着同一品种烟叶的风貌，使其呈现出千变万化的姿态。这种天然赋予的多样性，为雪茄叶组配方的艺术创造提供了无尽的灵感与可能。

雪茄大师们如同匠人般，精心挑选来自不同地域、不同年份的烟叶，依据雪茄既定的风格类型与预期目标，进行一场场细腻入微的组合尝试。他们不仅是在调配烟叶，更是在调配一种情感、一种文化、一种生活的态度。叶组配方的意义，远不止于简单的原料堆砌。它是对雪茄尺寸、环径、外观颜色的精准把控，是对香气、吃味、浓度等感官体验的极致追求，更是对市场偏好的深刻洞察与精准响应。通过无数次的尝试与调整，大师们最终锁定能够触动人心、引领潮流的最优烟叶组合。

这一过程，不仅是技术的展现，更是艺术的升华。它让每一支雪茄都拥有了独一无二的个性与魅力，成为连接生产者和品鉴者之间情感与文化的桥梁。叶组配方，正是这样一门将自然、工艺和文化完美融合的艺术。

邵奕 / 摄

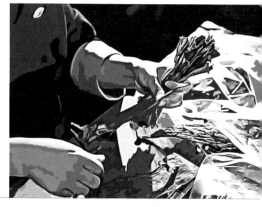

时间、精力与技艺：
完美雪茄配方的标准

雪茄烟叶配方的组合

　　一款卓越的雪茄配方，其精髓在于求得五叶的精妙平衡与和谐共生。正如烹饪中的五味调和，雪茄亦需达到甜、辣、苦等风味的微妙平衡，才算是迈向成功的一半。尽管每个人口味千差万别，但追求平衡之美，始终是雪茄制造商在配方创造中遵循的首要法则，旨在满足广大雪茄客户对于和谐口感的普遍偏好

　　在此基础上，一款上乘的雪茄配方还需确保燃烧均匀，抽吸顺畅无阻，为品鉴者带来流畅而愉悦的体验。同时，香气与吃味的舒适度与愉悦感，更是衡量配方优劣的重要标尺。优秀的配方，能够展现出香气的丰富层次与悠长余韵，吃味则细腻多变，令人回味无穷。

　　此外，满足多样化的消费需求，适应广泛的市场口味，也是优秀配方不可或缺的品质。它需要深入洞察消费者心理，精准把握市场脉搏，从而创造出不失个性的雪茄产品。

　　更为关键的是，保持同款雪茄在不同批次、不同年份的稳定性与一致性，这是对制造商技术与管理的严峻考验。而这一切的基石，便是丰富且稳定的烟叶原料储备。只有确保了原料的一致性与充足性，才能从根本上保障雪茄品质的持久稳定，让每一支雪茄都能经历时间的考验，成为经典之作，续写辉煌篇章。

04

中式雪茄
品鉴方式

烟叶燃烧，本味自来

雪茄燃烧是一个剧烈且复杂的物理化学反应，在燃烧层的高温作用下，有机物会开始改变状态，不断地分解与转化，产生大量新的物质。

雪茄的点燃温度深受火焰类型的影响。使用木条火焰（黄色火焰）时，温度大约可达1100℃（2012 ℉）；而若使用喷射火焰（蓝色火焰），温度则可飙升至1600℃（2912 ℉）。雪茄一旦被点燃，内部温度和含水量便立即开始变化，这种变化甚至会影响到远离燃烧层的雪茄头部。此时，从燃烧层到雪茄头部，会呈现出一个负的温度梯度。同时，离燃烧层的距离越远，烟叶中的水分含量也越高。通过触摸雪茄的不同部位，能直观感受到温度的变化。

随着燃烧层的推进，雪茄烟叶细胞膜的特性也会逐渐受到影响。随后，烟叶细胞内外物质交换愈发频繁。温度的变化改变了烟叶细胞的含水量，在点燃的雪茄中可以观察到含水量呈现负梯度分布：离燃烧层越近，水分含量越低。当然，雪茄在燃烧初期的含水量会因其保存和加湿方式的不同而略有波动。随着水分因温度升高而汽化流失，膨胀压力逐渐破坏植物细胞结构，使其失去原有刚性；当温度进一步升高，雪茄烟叶变得柔韧。除了水分的物理蒸发，当温度升高到一个临界值时，高温开始分解植物细胞的成分，也标志着雪茄烟叶热裂解过程的开始。此时，一种被称为美拉德反应的复杂现象随之发生，即在高温条件下，蛋白质（特别是氨基酸）与还原糖发生反应。美拉德反应是食品工程学中非酶褐变的一种重要类型，是一个复杂的化学过程，能够创造出许多新的风味物质。美拉德反应在食品工业中应用广泛，但其在雪茄燃烧早期阶段的具体作用机制尚不完全清楚。已知美拉德反应在约150℃时非常活跃，尽管在较低温度下也能发生，但反应速度较慢。有研究表明，美拉德反应更多地发生在雪茄阴燃阶段。

随着碳化区的不断推进，燃烧层的高温区域逐渐向雪茄头部转移，雪茄烟叶中的水分快速蒸发，使品鉴环境中充满更多的芳香气体成分，并通过扩散进行传播。这是一种吸热反应，所需的能量主要来自燃烧层产生的热量。

吸热反应：系统释放的能量少于启动或维持反应过程所需的能量，这种所需的额外能量通常以热能的形式从环境中获取。与吸热反应相反的概念是放热反应。

事实上，放热燃烧释放的能量为吸热蒸发提供所需能量，这两个过程同时发生。雪茄烟叶的热裂解只有当燃烧的温度高于分解阈值时才会发生且不可逆。一旦启动，一系列反应将改变许多内在化合物，并将它们转化为不同的产物。在雪茄燃烧时，由于茄衣的渗透性限制，仅有少量氧气进入雪茄内部，致使烟叶在缺氧高温环境下发生热裂解，即有机质的分子链发生断裂，形成较小的分子（如醇类、酯类）和其他挥发性有机化合物。

热裂解过程中包括初期的干馏阶段和后续的碳化阶段。

干馏

吸热过程，将雪茄烟叶中的某些化学成分转化为气态。这种现象通常在 150 ~ 200℃开始发生，具体温度取决于不同烟叶的特质。干馏会将某些固体化合物加热转化为气态产物，随着热量的增加，最易挥发的芳香分子汽化为气态，并以烟的形式逸出，我们认为干馏主要发生在雪茄的燃烧层与邻近的未燃烧烟叶之间的过渡区域（黑环）。

碳化

通常伴随着放热反应，当温度达到 280 ~ 300℃时，碳化现象会加速有机物分解。随着碳化的进行，一些挥发性有机化合物会被释放出来，弥漫在周围空气中，增加了烟草的芳香。如果没有通过吸烟动作增加氧气供应使温度继续升高，碳化过程通常会在 400℃左右达到顶峰并逐渐结束，留下碳化残渣和雪茄灰的黑环。雪茄所散发出的浓郁的香气主要源于雪茄烟叶的干馏过程，其次才是碳化过程。

邵奕 / 摄

　　干馏和碳化过程产生的烟雾颜色通常是蓝色或灰白色的。我们会观察到蓝色的烟雾往往从阴燃时雪茄头部逸散出（靠近燃烧层），这是因为此时，燃烧产生的微小颗粒对蓝光产生散射产生的。相对地，从口腔喷出或从雪茄抽吸端部冒出的乳白色烟气，则是由于烟气中冷凝的焦油微滴产生散射，从而呈现出乳白色。同时，这种乳白色的烟气中也可能含有高度挥发性的芳香族化合物，为雪茄提供了独特的香气和风味。

　　在烟叶膨胀和燃烧加剧的过程中，干馏和碳化会产生残留物。这些残留物大部分是热解产生的有机产物和一些矿物成分。事实上，我们在雪茄品鉴过程中的每一次抽吸都会将氧气带到燃烧层，促进阴燃反应维持燃烧。最后，雪茄在无火焰的低温状态下缓慢燃烧，直到所有可燃物质被消耗殆尽，最终剩下的是矿物残渣和草木灰烬。

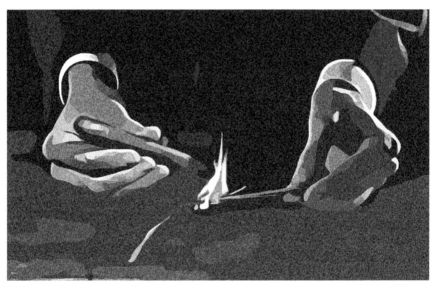

邵奕／摄

品鉴心得：教你如何感受和总结雪茄香味

从你口腔中吸入和喷出烟气的频率、强度和间隔直接影响雪茄的燃烧状态。雪茄在燃烧过程中，会在较高温度（完全燃烧）和较低温度（阴燃状态）的循环中发生温度波动，形成锯齿形的温度变化曲线。雪茄品鉴师通过强烈而短暂地吸气，使雪茄快速得到大量氧气，从而迅速达到燃烧点。然而，雪茄的燃烧温度过高被认为是有害的。如果吸气过短或过于突然，可能会导致燃烧不完全，使雪茄的燃烧状态不稳定。因此，掌握合适的吸气节奏和力度对于雪茄品鉴至关重要。

卷制测试雪茄烟叶　邵奕／摄

在一般情况下，当雪茄迅速达到完全燃烧的状态后，雪茄品鉴师应该用更软和更长的抽吸方式，让空气顺畅地通过雪茄的燃烧区，刺激雪茄柔和地燃烧并持续更长的时间，在此过程中，雪茄的燃烧温度将保持在较低水平，燃烧反而会更完全，对雪茄的破坏性更小。这是因为在较慢的品鉴速度下，雪茄会表现出更丰富的芳香特性。在雪茄品鉴过程中，品吸之间的时间间隔也至关重要。如果抽吸间隔时间太短，没有足够的时间让温度完全降至正常水平，雪茄燃烧温度将逐渐升高，这种抽吸方式连续重复多次，会影响雪茄的芳香表现；而将抽吸间隔时间拉长，让雪茄的燃烧达到宏观稳态（燃烧动力学中称之为伪稳态），雪茄的芳香成分将会得到更好的表达。当然，抽吸之间的间隔也不宜过长，因为这可能会导致雪茄熄灭。总之，绵柔的吐吸和适当的抽吸间隔才能最大限度地提高雪茄燃烧质量和品鉴体验。那到底抽吸频率是多少才标准呢？这取决于烟叶属性以及雪茄当时的燃烧状态。

雪茄卷制师卷制雪茄　邵奕／摄

　　雪茄品鉴师和雪茄爱好者的品鉴行为有着本质的区别。专业人士品鉴雪茄是为了剖析和了解雪茄的特性，以确保从产品研发到生产的全过程保持一致性，这项工作并不浪漫，满足感也不是他们的目标，他们的目标是分析和作出决定。而雪茄爱好者的品鉴行为只有一个目的：乐享雪茄。在我们当中，总有一些雪茄爱好者，他们不仅具备敏锐的品鉴能力，还能以清晰、有条理的语言表达出品鉴感受，同时保持中立的态度，这些都是极为宝贵的品质。而一位称职的雪茄品鉴师要通过好奇心、训练、记忆力和经验来获得他们的技能。但无论是专业人士还是爱好者，要成为一个真正的雪茄客将取决于知识和态度。此外，能够辨识"时间品鉴融合"是雪茄品鉴师的一项核心基本技能。在光学领域，当牛顿的原色圆盘（涂有红、橙、黄、绿、蓝、靛、紫的原色圆盘）快速旋转时，这些独立的颜色会融合，呈现出白色，这一被称为"牛顿色盘"的现象，展示了所有颜色在快速旋转中创造出一种"时间上的光学融合"。这好比透过一个装有不同颜色滤镜的圆柱体观察，最终视图是这些滤镜色彩的叠加。这一光学原理可以应用到雪茄品鉴中，引出"时间品鉴融合"的类似概念：当雪茄的所有品质特征，如香气、味道、口感、强度、平衡性、顺滑度、持久性以及变化层次等，在品鉴过程中被全面而迅速地体验（如同圆盘的快速旋转）时，它们共同投射出一种独特的雪茄风味轮廓。这一概念的运用在逻辑上是合理的；然而，若要逆向操作，即将整体的雪茄风味拆解为更基础的构成元素，则要求品鉴者在品鉴过程中进行深入分析与刻苦训练。当雪茄客享受一支雪茄时，会无意识地将整个感知视为一个整体，而当品鉴行为有一个专业目标时，就必须将雪茄的味道轮廓拆解成关键的组成部分，以便有针对性地进行分析。因此，摒弃将品鉴视为"旋转圆盘"的观念，打破时间上的品鉴融合状态，就显得尤为重要。为此，雪茄品鉴师需要能够逐一识别出香气、味道、口感、强度、平衡性、活力、叶组配方和赋香率等因素。总之，一名熟练的雪茄品鉴师需具备将雪茄的芳香轮廓解析为雪茄味道轮廓的能力，这种解码"时间品鉴融合"的能力，需要大量的实践来锤炼，甚至需要天赋，这些都是成为一名专业品鉴师必备的素质。

品鉴师的本质属性和实践能力，主要通过以下三种核心训练模式培养和提升。

雪茄木条点燃雪茄　陈丹／摄

1. 常规品鉴训练，掌握一种信度和效度较高的、可重复的品鉴方法。

2. 味觉技巧训练，通过品鉴经验形成芳香记忆，再通过总结性训练形成品鉴鉴别力，最后提升自己的芳香敏感度，降低感知阈值，从而获得一系列味道族谱，这些积淀使品鉴师能精确分离并分析雪茄的关键属性与质量指标。

3. 兴趣是最大的老师，我们刻意强调好奇心，是因为用热情去发现新的感官体验，这需要好奇心以及勇气，一位优秀的品鉴师需要时刻准备摒弃先入为主的观念，以开放的心态迎接每一次品鉴的新发现。

所有这些品质，需要正确地、循序渐进地学习和训练才能形成。它们将帮助品鉴师建立起有效的品鉴意识，使品鉴师能够更深入地与雪茄本身进行对话。即使某些人的天赋相较于其他人不那么突出，但只要掌握正确的方法、积累足够的经验，并持有坚定的决心，也可以成为一个熟练而优秀的雪茄品鉴者。

配饮与配食：搭配之道

　　雪茄的韵味，笼统来说主要包括香气和吃味两个方面。早在哥伦布发现新大陆之前，中南美洲的原住民就坚信，燃烧后的雪茄烟叶所散发的香气，能够作为与神灵沟通的媒介。因此，他们利用这种香气作为载体，来表达对祖先和神灵的崇敬。而吃味要相对复杂一些，它要从口腔直觉感受，用鼻腔回嗅来抓取。雪茄燃烧后会形成一系列的气溶胶，这些气态和固态的微小颗粒物通过雪茄未燃烧部分降温，在口腔中形成香氛感受。在口腔中，这些颗粒中的化学成分会刺激舌头上的味蕾，通过神经传导至大脑，产生味觉感知。烟气本质上是一种气溶胶，所以在品鉴雪茄的同时，舌头以及口腔上颚会囤积这些

雪茄与烈酒　邵奕 / 摄

雪茄与烈酒　邵奕／摄

小颗粒，它们不断积累会形成一个临时的"壁障"层。这层积累物会降低舌头味蕾的敏感度，影响后续进入口腔物质的感知和品味。因此，在品鉴雪茄的同时，需要搭配一些适当的饮品来刷新你的感官。

##

富含乙醇的液体进入口腔，能刷新这层"壁障"，进而能让我们继续保持良好的状态品鉴雪茄。在这方面，烈酒展现出了独特的优势，它们不仅在气味上能和雪茄的味道完美融合，还通过各自独特的风味与不同风格的雪茄进行搭配，形成经典组合。其中，威士忌和朗姆是两种尤为常见的选择，它们的特点也都很鲜明。朗姆，作为中南美洲的烈酒瑰宝，以甜感突出著称（这与朗姆酒的制作原料密切相关），其稳定且带有回甘的口感几乎能与任何雪茄相兼容；威士忌，特别是经过橡木桶熟成三年以上的英国贵族标配饮品，其层次丰富、爆发力强的酒体为品鉴体验增添了无限可能。

许多人认为，产于苏格兰的单一麦芽威士忌与雪茄更加搭配，单一麦芽威士忌中的特定成分，如丁酸乙酯，能与雪茄中的馥郁香气互相补充，从而能够更加顺畅地领略雪茄的丰富风味。

随着近几年中式雪茄文化的推广与传播，越来越多的国人开始尝试雪茄搭配中式茶饮，如红茶中浓烈而刺激的茶香可以在感官上缓解雪茄烟气中的颗粒感，红茶中的果香和花香与雪茄中的木香相得益彰，使得雪茄中的木香变得更加纯净，赋予其更加优雅的风味。乌龙茶中典型的回甘，是深受国人喜爱的味道之一，它与雪茄的回甘相似，都展现出一种柔和的且不带糖分的香气特点。普洱茶被传统中医认为具有止咳、祛痰、下气消食的功效，它的韵味可以缓和雪茄烟气带来的颗粒感，不失为雪茄的一种理想搭配选择。当然，茶叶种类何其多，没有最佳的搭配，只有个人喜好。不过，值得注意的是，应尽量避免用过于浓郁的茶饮搭配过于清淡的雪茄，这样会使得气味互相掩盖，无法品尝到搭配的妙处，反之亦然。

雪茄与茶 邵奕/摄

雪茄与配餐

　　有各种美妙的场景适合搭配一支雪茄：一个人独享宁静时；在白雪皑皑的冬日，坐在温暖的壁炉旁时；阳光灿烂的夏季，坐在椰林树影婆娑的海边时；与朋友的欢聚时……此时，倒一杯陈年白兰地、朗姆酒、单一麦芽威士忌，或者你钟爱的任何烈酒，都能让这份感受更加强烈。难怪在《油漆你的马车》中，作者欣然推崇雪茄及其搭配的美酒。然而，关于雪茄是否适合在用餐时享用，这一直是人们心中的一个疑问。接下来，就让我们一起探索雪茄与美食的奇妙邂逅吧！

Chuck/摄

在过去的几百年中，雪茄的品鉴似乎被限制在了特定的空间和场合中，如雪茄吧、会客厅，或是在正餐或晚宴后，与烈酒相配享用，用作餐后消遣。

然而，英国人打破了这一传统，他们在下午茶时间，一边品味茶水和精致的饼干与甜点，一边品鉴雪茄。时光荏苒，这种方式逐渐传遍了欧洲大陆。最先传到的是法国，法国的美食家对雪茄与餐食的搭配产生了浓厚的兴趣，他们发现，只有当雪茄的香气与口感达到平衡的

雪茄与咖啡 Chuck/摄

时候，才能充分体会到雪茄带来的独特风味，如果雪茄的香气压过了口感，这种平衡就会被破坏。然而，在刚开始抽雪茄时，这种情况是不可避免的。

此时，你需要有足够的耐心，等到雪茄充分燃烧，当热量将雪茄油分激活使其转化为气溶胶，这些气溶胶在口腔中与唾液接触并溶解，此时浓郁的香气才能被味蕾所捕捉并感知。可以说，吃味必须构建在能将香气留住的基础上。通过对食物的研究发现，口感就像灵魂，而香气如同血肉。这个比喻也同样适用于雪茄。如果餐桌上某种佳肴在味蕾上留下美好的口感，那么作为后续口味的雪茄，其香气便

雪茄与西餐 Chuck/摄

能更加淋漓尽致地展现出来。

　　如果进餐的时候有雪茄的陪伴，那么这顿饭就提升了规格，增添了仪式感。因为，雪茄是一切漫不经心、敷衍了事的敌人。然而，需要注意的是，一边进食一边抽雪茄是一种我们不推荐的做法，应该在享用完几道菜肴之后再点燃雪茄，伴随着后续的菜品去品鉴雪茄。这是因为，在品尝过一些菜肴之后，口腔中会留有一些油脂，这对于构建一个能让雪茄香气保留下来的环境是非常有效果的，留在口中的脂肪越多，雪茄的香气就能保留得越久。

Chuck/摄

05

中式雪茄
品鉴技巧

中国：东方哲思，平衡之道

　　雪茄虽然是舶来品，但东方人自古以来便海纳百川，有着悠久的贸易历史。自公元 7 世纪，茶叶从中国走向世界开始，中国这片热土就像海绵一样吸收并交换着世界各地的物质和文化。直到雪茄从南美洲走向世界，逐渐为世界所知，并随着时间的推移逐渐传入中国，与中国人结下了不解

长城维佳金字塔　陈升 / 摄

之缘。时光荏苒，随着全球贸易的深入发展和文化的不断交融，雪茄烟叶最终在中国这片土地上生根发芽。在洋务运动时期，李鸿章出访法国后，便命人建立了蒙

雪茄的点燃　陈升／摄

城雪茄烟坊制造所，从此，我国的雪茄作坊和烟厂就如雨后春笋般在各地涌现。如今，雪茄已经深深地融入了中国的烟草文化，雪茄客对雪茄的热爱和依赖也愈发深厚。

与西方文化相比，中国文化更倾向从商品中探寻其背后的文化与价值，我们喜欢用文化去解读和品味商品。实际上，在雪茄传入之前，我们早已熟练掌握了与雪茄属性相似的茶叶的品鉴之道。世界上的味道虽千变万化，但归根结底不过来源于天然、发酵与调和三种方式。我们常通过熟知的茶叶，去领悟和发掘雪茄的深邃内涵。在向往美好生活的过程中，我们往往会将国人的情感、思考与审美融入雪茄之中。此时此刻，雪茄既是我们如梦山河的故人，也是那皑皑白雪的山巅；既是那变幻无穷的恒河星宿，又是回归于我们手中的这只简单而纯粹的产品。我们的感官在雪茄中探寻，而意识形态则因人而异地构建于产品之外。从儒家思想审视，雪茄之美犹如礼乐之韵，品味一支上乘雪茄，如同与一位美丽、鲜活、热情洋溢的加勒比少女翩翩起舞。点燃雪茄的瞬间，便是点燃内心激情的火花，正所谓"夫美不自美，因人而彰"；而有些雪茄客则追求更高的境界，他们认为雪茄之美在于意象而非实体，能从雪茄中感悟到味外之旨，听到弦外之音，

孙明明 / 摄

看到画外之景。对他们而言，一支雪茄如同一曲天籁之音，境界生于内心而见于外物，皆为瞬息万变之表象。那句耳熟能详的话道出了真谛："若见诸相非相，即见如来。"在雪茄的烟雾缭绕中，我们或许能窥见一丝禅意与哲理的闪光。

雪茄这种舶来品历经岁月远渡重洋来到了我们手中，这其中体现了中国人包容创新的精神和开放的态度。这何尝不是一种独特的雪茄审美呢？我们不仅尊重并研究雪茄的起源，更善于吸纳和融合其中的优秀元素，以创新的精神和求索的态度让雪茄在中国这片土地上生根发芽，打造出具有中国美学特色的雪茄。此刻，一支雪茄在手，阳光洒在身上，思绪随雪茄的成长轨迹延展，眼中闪烁的光芒仿佛能看到田间劳作的辛勤景象，袅袅升起的蓝烟，让心灵随风而行。

孙明明／摄

种植史诗：精心种植也是风味的关键

古巴人常说雪茄是有生命的，从种下它的那一天起，就与人们的双手紧密相连，主要靠手工操作。从培土、育苗、移秧、搭棚、成长、采摘、穿叶、阴干、扎捆、堆垛、发酵、分级、去梗、再发酵、陈化、卷制，直到最终点燃的那一刻，"从生到死"都需要人们的细心呵护。因此，在过去殖民时期，古巴种植烟叶的农民中有许多是白人后裔或混血人种，纯黑人较少。这是因为在殖民时期，西班牙殖民者主要让黑人奴隶种植咖啡和甘蔗。如今，Vuelta Abajo 产区的许多烟农是西班牙加那利群岛移民的后代。相比其他农作物，烟叶的种植更加精细，在短短三个月的成长期里，每位烟农平均下田次数要达到 150 ~ 180 次，可见其劳动的辛苦与繁杂。

孙明明 / 摄

养土

　　雪茄烟叶的种植周期每年从十月开始，直到来年的四月结束。在不种植烟叶的时间里，烟农通常会在烟田里种植豆科植物或玉米。豆科植物通过根瘤菌固氮，增加土壤中的氮含量，从而提高土壤肥力。而种植玉米可以疏松土壤、改善土壤通气性和蓄水保墒，有利于微生物的活动。这两种措施都是为了为烟叶的后续成长创造良好的土壤条件。一般在育苗期之前就开始整理和培育土壤，烟农们通常使用牛犁地，反复进行多次，以确保土壤的适宜性。

育苗

古巴现存的育苗方式总体分为三种：传统育苗、大棚育苗和浮漂育苗。

种子由政府统一供给，因此一些烟农可以自行完成传统育苗。而后两者则是由政府下属机构完成育苗工作后，将秧苗交付给烟农。

在传统育苗中，育苗土壤的选择尤为重要，烟农需要实地考察烟田，挑选出质地适宜、厚度足够、肥力充沛、排水良好且pH值在5 ～ 5.8的土壤区域，同时避开曾发生过病害的土壤。至少选择三片此类土壤的区域以备轮种。下种前需要对土壤进行反复犁翻，清除原有的植物残留。播种时，种子需与水、沙、灰或专用肥料混合后播撒，这样有利于随后的灌溉。之后需进行两到三次不同时期的施肥和四次有规则的灌溉，其间要定期手工清理杂草。在烟苗长到5 ～ 7cm 和 8 ～ 11cm 的时候，需进行两次幼苗修剪，剔除那些长得最弱小的苗。大棚育苗和浮漂育苗属于现代农业技术，类似于其他农作物的育苗方式。

传统方式与现代方式

雪茄烟叶的育苗

的区别在于，前者更符合自然淘汰法则，强者生存，而后者则通过科技手段提高了成活率，增加产能。两者各有优缺，相辅相成。

移秧

在育苗后的 45 ~ 50d 左右，秧苗高度在 16 ~ 20cm、粗度在 3.5 ~ 4.5mm 的时候就可以将秧苗移植到大田里。为了避免强光和高温对幼苗的伤害，这一过程一般在清晨或者黄昏后进行。同时，采摘并捆扎幼苗后，要注意保持环境的湿度，以防幼苗干涸死亡。幼苗的移栽均由手工完成，这是一项耗费体力的工作，通常在清晨开始进行。移栽结束后进行逐沟灌溉，确保土壤充分湿润。

种植茄衣所搭之棚并非我们常见的塑料大棚，而是由线绳编制出来的白色网棚。网棚可以减少约 30% 的光照，同时创造出一个能保持湿度的环境。通常情况下，在茄衣秧苗移栽进大田的 10 ～ 20d 后搭建大棚的顶部，高度在 2.5m，而围边棚是在移栽前 1 ～ 2d 内就完成，避免风对幼苗的伤害，通常会布置两层围边棚，亦可以起到防病虫害的作用。

茄衣的成长

茄衣的种植尤其费力费心，因为它将是雪茄外观美感的体现。光泽、颜色、厚度、油度等一系列要求使得茄衣的种植工作更加细致和繁琐。白色遮阳网棚在种植季节形成了一道独特的风景，茄衣烟叶在其中害羞地成

雪茄烟叶，用于茄衣部分 杨凯而／摄

长，远观犹如闺房中的少女若隐若现。白天打开白帐，会看到一株株烟叶挺立向阳，张开所有的叶子接受阳光的沐浴；太阳落山后你会发现它们收紧了每一片叶子，仿佛在告诉你它们已经进入梦乡，不想被打扰。就这样日复一日，一株株烟叶像羞涩的女孩在精心呵护下慢慢长大。

茄芯的成长

茄芯的种植，相较于茄衣，更像是被赋予了更多自由空间的孩子。虽然同样受到关怀，但它的成长更多依赖于自然的力量。在风吹日晒、雨淋霜冻的历练中，茄芯坚韧地生长。而正是这种看似"放养"的方式，使得它能够充分吸收古巴那灼热的阳光，孕育出强劲而独特的风味。夜晚的寒冷与白天的酷热交织，形成的温差赋予了雪茄独特的甘甜味。在风雨的洗礼下，茄芯如同一个无所畏惧的大男孩，坚强地苗壮成长。

茄衣田中的灌溉有三次：

第一次 ● 在移栽后 20d 后

第二次 ● 在移栽后的 21 ～ 50d 之间

第三次 ● 在移栽后的 51 ～ 72d 之间

茄芯田中的灌溉有七次：

第一次 ● 在移栽后 4d 后

第二次 ● 在移栽后的 8 ～ 10d 后

第三次 ● 在移栽后的 23 ～ 25d 后

第四次 ● 在移栽后的 30 ～ 35d 后

第五次 ● 在移栽后的 40 ～ 45d 后

第六次 ● 在移栽后的 50 ～ 55d 后

第七次 ● 在移栽后的 60 ～ 65d 后

每一次并非一样的水量，而是根据土壤湿度的情况来定灌溉的水量。

培土的作用是促进烟叶根部发育并防止烟叶倒伏。第一次培土在移栽后的 18 ~ 20d 进行，一般结合人力和畜力共同完成，可以在一定程度上预防蓝霉病和尾孢菌引起的病害。

在移栽后的 30 ~ 35d，还要进行一次培土，主要目的是去除土壤表层结痂，促进土壤空气流通，这次培土主要依靠人力完成。

雪茄烟叶植株培土　杨凯丽 / 摄

打顶和去侧枝

打顶和去侧枝是为了确保烟叶更健康的成长，提高烟叶的产量和质量。打顶是为了去除顶端优势，防止顶芽消耗过多的养分。顶芽被去除后，烟株会萌发侧枝，为了防止侧枝争夺主干烟叶的营养，侧枝也需要及时去除。通常，这项工作在移栽后的 30 ~ 35d 开始进行，侧枝的长度不能超过

5cm，以确保养分集中供给给主干的烟叶。由于顶芽和侧枝会不断再生，这项工作需要反复进行，因此，烟农下田的次数非常频繁，劳动强度很大。

杨凯而／摄

烟叶采摘

烟叶的采摘并不是等到所有烟叶成熟后才进行。茄衣烟叶是从下向上逐步分期采摘的，通常分为 9 层，每次只采摘一层的一对烟叶，每层烟叶都有其特定的名称。茄芯则分为 6 层采摘。不同品种的烟叶开始采摘时间和间隔时间也不尽相同。例如，MANANITA 这个品种最底层的烟叶采摘时间通常在移栽后 35 ~ 38d 就开始了；HABANA 92 和 HABANA 2000 这两个品种的茄衣，倒数第二层烟叶的采摘时间是在移栽后的 42 ~ 45d 开始，之后每隔 5d 便采摘上一层，直至采摘结束；CRIOLLO98 品种的茄芯，倒数第二层和最顶层的烟叶在移栽后的 90 ~ 100d 采摘，而其他几层则在不同的时间段里采摘，并非像茄衣一样自下而上逐层采摘。

　　烟叶的采摘是对烟农腰力的一次次考验，他们需要手工采摘，摘完一束像抱孩子的一样把烟叶抱出来，放在木质的担架上，当烟叶堆积成小山形状时，烟农会用白帐布将其覆盖，以防晒保湿。然后，他们像抬送病人般将这些烟叶抬入阴干房，这并非随意的比喻，因为在古巴，这一烟叶的阴干过程确实被称作"治疗"期。

穿叶

烟叶通过长针和细细的白绳两片一对地穿起来，像我们小时候晒辣椒那样。然

后，这些穿好的烟叶被搭在细竿上，开始了它们的阴干过程。随着时间的推移，烟叶的颜色会从绿色变为柠檬黄色，再逐渐变成灰色，最终变为栗色或金红色。

在阴干房里，烟叶的位置需要不断调整。因为阴干房内下方的温度较低、湿度较大，而上方温度相对较高、湿度较小。通过调整烟叶的高度，使其在不同的环境条件下均匀干燥，有助于烟叶的"治疗"。不要小看移动烟叶位置的工作，这是一项技术活，身手不够矫健的人难以完成，如果从十多米高的地方摔下来可是相当危险的，因此需要两人协作完成。

通常，穿烟叶的工作由妇女负责，而抬叶杆的任务则由体力较好的小伙子来完成。

阴干

阴干房里的温度需要保持在 21 ~ 25℃，湿度需要在 75% ~ 80%。门和窗都会安装窗帘，通过调整它们随时保持这两个指标。在有雾、风、雨或外界温度低于 20℃时，门窗要关上。当湿度低于 75% 时，需要向地面洒水增加湿度；当湿度高于 85% 时，则需要加温降低湿度。同时，不能把处在不同"治疗"期的烟叶挂在同一层。每天都要观察和记录温湿度。阴干房外要有排水沟，以防雨水流入。一支雪茄在卷制之前，会历经了诸多精细的环节。在 35 ~ 60d 的阴干期后，烟叶会被分类，并在特定的时间段内，将大约五十片烟叶扎成一捆，这些捆按照应有的湿度和摆放方式开始堆垛

孙明明 / 摄

发酵，这也标志着它们在农场种植阶段的最终完成。第一次发酵约 30d 结束，之后它们就会被收购，离开了其成长的地方，进入后续的制作环节，包括不同种类烟叶的分类与分级、再次发酵、除烟梗和平叶等过程，在这些环节中，还将有近一半的烟叶被淘汰。

　　雪茄的种子非常小，像橡胶囊药里的小颗粒一样。然而，正是这微小的起点，牵引着无数雪茄客的痴迷与期盼，也维系着烟农、发酵工人、卷烟师等众多人的生计。每一支雪茄都是独一无二的，因为你不知道卷在其中的烟叶来自哪家农场的土壤孕育，哪片产区的阳光照耀，又是哪位烟农以汗水浇灌，哪位青年采摘并温柔怀抱，哪位大妈细心穿绳晾晒，哪位壮汉将它们抬上阴干架，哪位大叔熟练地捆扎，哪位姑娘灵巧地剔除烟梗，哪位匠人精心地将其卷制成茄，哪位女工细致地贴上烟标，直到有一天你

取出这支雪茄。这所有的过程经历了太多不同人的手，最终成就了一支手工雪茄。就算是同一品牌同一型号的一盒雪茄，每一支都是独一无二的艺术品，记录着从田间到指间的每一段旅程。

06

中式雪茄
品鉴师的训练方式

雪茄品鉴是一门学问：兼具知识与品味

雪茄品鉴

雪茄品鉴是一场集视觉、触觉、嗅觉与味觉于一体的感官盛宴。它要求品鉴者具备敏锐的感知力、丰富的知识与经验以及独特的审美视角。只有这样，才能真正领略到雪茄这一艺术品所蕴含的无限魅力与深邃内涵。

外观的美学探索

雪茄品鉴之旅始于对其外在的细致打量。这不仅仅局限于茄体本身，更是一场对雪茄整体氛围的沉浸体验。精美的包装盒，其设计之高雅、材质之尊贵，如同一位绅士的礼服，无声地诉说着品牌的格调与雪茄的品质承诺；而包装盒上的商标与腰花，作为细节的点睛之笔，以其别致的设计、华丽的图案及精湛的印刷工艺，不仅增添了视觉享受，更成为雪茄爱好者们竞相追逐的收藏品。

深入到茄体本身，茄衣作为雪茄的视觉焦点，其色彩、光泽、平滑度乃至筋脉的匀称，无一不透露着匠人的精心雕琢与时间的沉淀。通过细致观察与温柔触摸，我们得以感受茄衣的松软与密实，叶脉的紧绷与舒展，乃至表面细微的褶皱、压痕与瑕疵，这些细微之处，皆是判断雪茄透气性、燃烧性乃至整体品质的重要线索。

尤为值得一提的是茄灰的品鉴，它如同雪茄燃烧后的灵魂印记，以其形态、颜色与持久度，直观展现出雪茄的内在品质。优质雪茄的烟灰，是一条灰白相间的优雅柱体，烟灰环分布均匀，形态完美，不仅赏心悦目，更是对雪茄发酵、卷制技艺及燃烧性能的直观验证。

内涵的感官盛宴

如果说外观品鉴是雪茄的"色"，那么内涵品味则是其"香"与"味"的深度融合，是对雪茄灵魂的深度探索。

首先是雪茄香气的沉醉。香气，作为雪茄的灵魂气息，其强度、层次与纯净度，是品鉴者首要关注的维度。每一支雪茄都散发着独特的香气，从原始的烟草醇香到皮革香、木香、果香等复杂层次，这些香气交织在一起，构成了一曲关于风味的交响乐。品鉴者需凭借敏锐的嗅觉，捕捉并分辨这些细微的香气变化，从而领略雪茄的独特魅力。

其次是雪茄味道的品味。味道，是雪茄与品鉴者味蕾的直接对话。通过味觉的细腻感知，我们可以体验到雪茄中酸、甜、苦、辣、咸等多种味道的交织与融合。这些味道不仅反映了雪茄烟叶的品质与配比，更体现了雪茄制造商对风味的精准把控与独特理解。品鉴者需根据自己的喜好与经验，对雪茄的味道进行综合评价，以判断其品质与等级。

品鉴环境

雪茄品鉴是一种体验的过程，品鉴环境对雪茄客的体验和感受影响很大。完美的品鉴环境，需要在温度、湿度、空气质量、灯光、音乐、家具、色调、服务以及整体空间感等细节上进行优化。

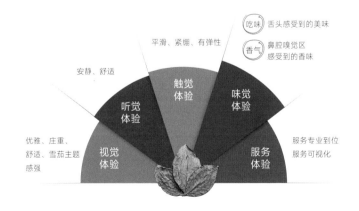

湿度

雪茄：45% ~ 55% 适宜（另一说 45% ~ 60%）

烟斗：35% ~ 50%

湿度过大，燃烧性变差，香气发挥会受限制。

温度

烟草适抽温度与人体适应的环境温度非常接近，即 20℃以上、28℃以下。

当环境温度低于 10℃时，无论是雪茄还是烟斗，口感均明显变差。

温度过低会导致烟气冷却过快，并降低味觉敏感度，从而影响口感。

空气质量

空气含氧量越高，品吸越香。

空气污染度越低（如工业污染或二手烟污染），品吸体验越佳。

好的空气质量可以减少晕茄的发生。

　　雪茄点燃后，空气质量难免下降，为了避免浓烈的烟雾影响体验，雪茄客可以选择户外或在有空气净化设备的环境中吸烟。而在营业场所，例如雪茄吧，则需要考虑以下因素。

（1）安装专业净烟设备，并搭配新风排烟系统，是解决烟雾的最佳方案。如果没有新风排烟系统，可以在吸烟区配置专业净烟设备。

（2）雪茄酒吧或雪茄餐吧建议区分吸烟区和非吸烟区，保障非烟民的环境。

云诺净烟卫士

（3）居民区和商场里的雪茄吧，尤其要注意避免污染周边环境。吸烟区应设置在下风口（回风口），非吸烟区应处于上风口。

品鉴标准

品鉴雪茄是一种非常私人的体验，每个人对雪茄的评判标准都不同，因此很难统一。雪茄的品质优劣、等级高低，也难以用语言精确描述，所谓"只可意会，难以言传"。在雪茄界，不同研究者和资深雪茄客设定了多种评价方法。例如，著名烟斗和雪茄研究者理查德·卡莱顿·哈克（Richard Carleton Hacker）发明了"HPH"（Highly Prejudiced Hacker Scale）方法。

他把雪茄的香味、劲道、燃烧性等划分为四个等级：强（HPH 值 3）、中（HPH 值 2 ~ 2.5）、柔（HPH 值 1.5 ~ 2）和淡（HPH 值 1 ~ 1.5）。这种方法虽然有定性标准，但缺乏量化，不直观，因此较难被广泛接受。

另一位资深烟斗和雪茄研究者泰德 . 盖奇（Tad Gage）则采用打分的方法评定雪茄品质。他设计了一个 100 分制的评分表格，分为四个方面：总体外观（20 分）、燃烧性（15 分）、结构（30 分）和口感（35 分）。这种以打分的方法对雪茄进行分级是一种比较直观的量化办法，具有较高的客观性和可操作性，所以，全球雪茄界最具权威的专业性杂志之一、美国著名的《雪茄客》杂志也采用了打分方式评定雪茄等级，即"CA 雪茄评定标准"，获得广大茄众的普遍认可，成为雪茄业界公认的最权威雪茄评价标准。

"CA 雪茄评定标准"也是采用百分制，将雪茄的总分设定为 100 分，分为以下四个部分。

第一，雪茄的外观和内部结构，这部分满分为 15 分。一款优质的雪茄应具备以下特点：茄衣纹理平滑、有光泽，颜色一致，含有适量的油性和水分；茄体粗细匀称，捏起来富有弹性，不软不硬，无褶皱。从外表上看，茄衣达不到这个标准的雪茄将会被扣掉相应的得分。

第二，口感，这部分满分为 25 分。优质雪茄应香味纯正、口感醇厚，苦甜交融，浓烈有度，爽滑而不粗糙，绝不能带有明显的苦涩。达不到这个标准的雪茄，品鉴者根据自己的体验扣除相应的分值。

第三，吸感和燃烧情况，这部分满分为 25 分。优质雪茄应干湿适中，容易点燃，吸食过程中燃烧均匀、稳定，烟灰密实，持灰正常。如果出现燃烧速度过快或通气性不佳的情况，会被扣分。若出现偏火，烟灰密度不足、持灰短暂，甚至弹灰后断面内凹等问题，也会被扣分。

第四，整体印象，这部分满分为 35 分。这是一支雪茄留给品鉴者的总体感觉，里面包含的内容极其丰富、复杂。品鉴者根据自己在整个品鉴过程对所品吸雪茄的总体感觉，给予相应的分值。

根据总分评定得出雪茄的等级，总分达到 95 ～ 100 分的为"经典、极品（Classic）"雪茄；90 ～ 94 分的为"令人无法抗拒的（Outstanding）"雪茄；80~89 分的为"给人美妙体验的（Excellent）"雪茄；70 ～ 79 分的为"具有良好商业品质（Good Commercial Quality）"的雪茄；70 分以下的被视为"不值得浪费金钱"的雪茄。

《雪茄客》杂志每年依据这种评分标准，评选出前十大知名品牌雪茄，由于这是出自美国的雪茄排行榜，古巴雪茄上榜的不多，大多是非古雪茄。然而，作为一名雪茄客，了解和掌握这种雪茄品鉴标准是有益的。在品鉴雪茄的过程中，可以按照这个标准和步骤去评价所吸雪茄，从而得出自己心目中的极品雪茄。当然，还是那句话，品鉴雪茄完全是私人的体验，即使由标准评定出的优质雪茄，对于每个雪茄客个体来说，也未必是最准确、最科学的判断。

品鉴师必备：基本的知识储备

踏入雪茄品鉴的殿堂，初学者往往先以"赏"为始，这是所有雪茄爱好者共同的起点，它只须聚焦于雪茄外在的直观感受，无需深厚的知识背景。然而，真正的"鉴"，则是对雪茄内在品质与风味的深刻洞察，它要求鉴赏者具备一定的专业素养与丰富经验，是艺术品味与专业技能的融合。

烟叶知识的基石

深入雪茄品鉴，首要之务是构建坚实的烟叶知识体系。这不仅仅是对烟草种植、培育、发酵、醇化流程的粗浅了解，更需要有能力敏感地洞悉不同产区自然环境的微妙差异——气候的温湿变化、土壤的酸碱度与矿物质构成，以及这些自然条件如何深刻影响烟草的特质，进而塑造出雪茄独一无二的风味轮廓。

制作工艺的精研

雪茄的卷制工艺，是连接原料与成品的艺术桥梁。了解纯手工与机制雪茄在吸感、顺畅性、燃烧性等方面的显著差异，是品鉴者必备的专业素养。同时，深入探索不同卷制形状对雪茄通透性、透气性的影响，有助于更加细致地评估雪茄的品质。纯手工雪茄的每一支都蕴含着匠人的独特匠心，其细微的差别正是品鉴的乐趣所在。

风味地图的绘制

掌握不同国家和地区雪茄的风味特点，对品鉴雪茄非常有帮助，特别是品鉴盲品雪茄时，其价值更是不言而喻。例如，古巴雪茄味道浓郁芬芳，前、中、后三段吃味层次分明，可可味和木质味比较明显；多米尼加雪茄多为温和的口感，味道较为香甜，前、中、后三段韵味层次分明；尼加拉瓜雪茄则多含中等甜味，矿物味较重，浓郁度介于古巴雪茄和多米尼加雪茄之间；洪都拉斯雪茄味道偏淡，有较浓的泥土味，前、中、后三段味道层次感不强；墨西哥雪茄味道更具辛辣，含有较浓的胡椒和辣椒味；牙买加雪茄比多米尼加雪茄口味淡一些；厄瓜多尔雪茄温和且有香味；喀麦隆雪茄辛辣，带有更刺鼻的香味等。

储存养护的智慧

雪茄的储存和保养对其口感、风味、透气性和燃烧度等至关重要，直接影响雪茄的整体品质。因此，品鉴者需要了解雪茄养护对雪茄品质提升的意义，以及养护不当对雪茄风味的影响。

如何正确品鉴：
各种烟草的品鉴体系与方法

雪茄的品鉴

雪茄的品鉴是一个复杂而多方面的体系，需要爱好者全面掌握。你越是专注于雪茄品鉴，雪茄就会赋予你更多的馈赠，这里包括味觉、嗅觉、视觉和触觉等多方面的感官体验。

在这一部分，我们将展开阐述雪茄品鉴过程中涉及的一些经典基本机制。这些机制有的简洁明了，有的则深入复杂；有的基于科学原理，有的则更偏向于宏观概述。希望这一专题能够引发各位雪茄客的思索，并帮助大家更深入地理解雪茄品鉴的精髓。

雪茄品鉴的基本原理

此时不妨邀请你点燃一支雪茄，在以下这段略为枯燥的知识中重新梳理雪茄的品鉴技巧。众所周知，在品鉴雪茄的过程中，会产生各种令人愉悦的气味，这些气味是由雪茄中的多种化合物共同作用而产生的。这些化合物在不同的时刻以不同的形式传递给品鉴者。如同影视作品一样，每一帧画面都会用不同的颜色、光感、声音和意境来表现。

我们都知道

同类型的存酒盒与雪茄醇化盒

雪茄的大部分芳香是由雪茄烟叶燃烧产生的，并随着烟雾在口腔内循环。有意思的是，雪茄在燃烧过程中会产生大约2100多种化学物质，其中许多是芳香成分。这些芳香成分并非全部由燃烧直接产生，有一部分是高挥发性的香气分子，它们主要通过茄衣蒸发到周围的环境中，被我们称为"干香气"。这些干香气与燃烧产生的烟雾共同构成了雪茄独特的香味。其扩散到空气中的方式与香水相似，在研究香水时我们通常会用到一个词——赋香率，它直接决定了香水的香气程度和香味持久时间。如果将雪茄香气比作香水，那么它就是一种浓烈的、沉降的、丰富的香气。

雪茄的芳香存在于蒸气和烟雾中，通过空气逸散、室内悬浮和动能（从口腔中吹出的气体）传播。在品鉴雪茄的过程中，这种复杂的芳香感可以通过几种不同的感官体验来识别：鼻子直接嗅到的芳香，我们通过直接嗅觉感知；口腔里的吃味和余味，我们通过味觉感知；口腔中的物理感觉，如颗粒感，我们通过口感感知；而抽完雪茄后，在鼻腔和口腔中持久停留的芳香，我们通过回味感知。

当这些因素被你识别时，其中包含的所有香味和物理感知就塑造了雪茄的味道轮廓，而这些影响因素，可以被分解为你手中这支雪茄的特定品质，如香气、味道、口感、劲头、平衡感、透发度和余味。

　　雪茄芳香轮廓的创造和传递我们称之为芳香投影。雪茄烟叶的种植、调制、发酵品质和雪茄的经典配方在这里是必不可少的，这些劳作的产物被我们赋予了感官情感。作为一名老茄客，你此时此刻的感受就是你专属的芳香感知：通过领悟雪茄的芳香特质，并借助多种可能的感知途径（直接嗅觉、吃味、物理感觉、回嗅、口腔余味），这些感知共同转化为对雪茄味道的全面理解（吃味、吸味、口感）。当然，专业的雪茄品鉴师识别雪茄不同属性的技能是由训练决定的。

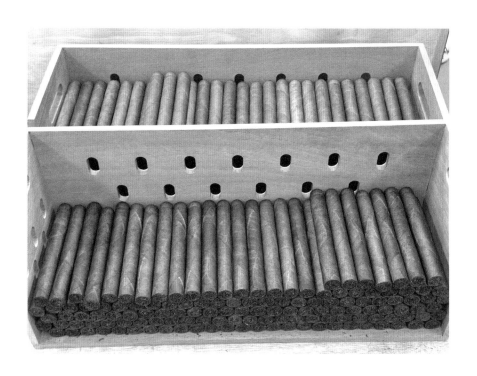

这种重要的品鉴练习是一种转化：将一支雪茄传递的信息解读并转化为其他雪茄爱好者也能感知和理解的信息。这种品鉴转化需要大量的实践和技巧，我们希望你在这一过程中能够不断提升，因为这些技巧是确保你能够尽情享受雪茄的关键。

简而言之，雪茄品鉴师需要区分雪茄在燃烧过程中产生了什么，并将其准确地转化为个人体验。雪茄品鉴师的辨别能力的高低将决定他们对味道的识别范围。举个例子：一支雪茄表现出非凡的品质，但味道很差，可能会被没有经验或有偏见的雪茄品鉴师打一个低分。

雪茄行业从茶、香水、酒以及咖啡等各个行业借鉴了许多专业术语，用于定义和说明雪茄的味道。随着时间的推移，其中一些专业术语的含义可能会略有变化。

燃烧阶段

燃烧是可燃物（还原剂）与助燃物（通常是氧气，作为氧化剂）之间发生的放热化学反应。燃烧过程中会产生光和热，通常以火焰或辉光的形式出现，同时生成复杂的烟雾和固体残留物的混合物，这些固体残留物通常被称为灰烬。

雪茄的燃烧包括两个阶段：有火焰的燃烧阶段和无火焰的闷烧阶段。在有火焰的燃烧阶段中，部分烟草物质会经历热裂解和碳化。然而，燃烧并不总是伴随可见的火焰。火焰是燃烧过程中气体部分剧烈氧化并发光发热，而在闷烧阶段，燃烧通过茄衣的孔隙进入雪茄内部。

在整个燃烧过程中，雪茄烟叶经历了复杂的物理和化学变化。在成百上千种有机化合物和环境因素的作用下，将烟叶中的固体物质转变为蒸气、气体和颗粒物。

此时这支雪茄在你手里，随着燃烧的进行，逐渐变成了烟和灰。从点燃的那一刻起，雪茄仿佛有了生命，见证着自己的毁灭过程。这是燃烧所带来的感官体验，既纯粹又复杂，既简单又多变。

我们将用下面的简图来向大家说明芳香投影的基本概念以及构建芳香投影的思路方向和技巧。

当我们开始点燃一支雪茄时，首先感受到的芳香主要来自于烟叶本身的香气，这些香气是由燃烧反应中挥发性成分在干馏和热分解作用后扩散

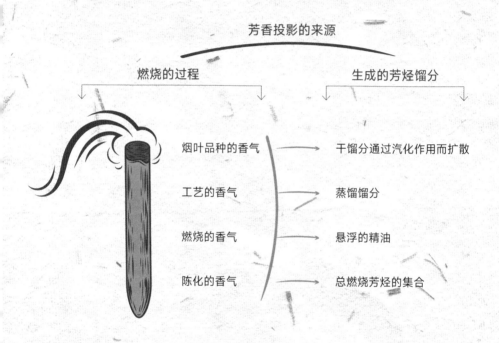

芳香投影的来源

燃烧的过程　　　　　　　　　　　生成的芳烃馏分

烟叶品种的香气　→　干馏分通过汽化作用而扩散

工艺的香气　　　　　蒸馏馏分

燃烧的香气　　　　　悬浮的精油

陈化的香气　　　　　总燃烧芳烃的集合

到空气中的。随后的芳香来自烟叶发酵工艺的香气，此时雪茄已经燃烧了约三分之一，挥发性物质以气溶胶的形式悬浮在口腔和空气中，带给我们雪茄的基本印象。在这一阶段，我们可以品到来自热解过程的芳香，我们把这种提取香味物质的过程统称为干馏。最后，我们可以感受到来自雪茄烟叶陈化的深层芳香，它是所有燃烧过程中香气成分的总

体感知。

　　雪茄品鉴这门技巧的信度和效度，可以通过芳香投影和芳香感知之间的关系来表达。为了更深入地理解这一过程，我们引入"芳香预测"的概念。芳香预测是基于雪茄的叶组配方、芳香成分汽化、干馏和燃烧反应、烟气扩散以及气溶胶的物理特性（包括浮力和动量传播）来预测和解释雪茄品鉴中芳香部分的分布和特征。

　　下面这张图简单地展示了芳香感知的概念。还记得之前提到的老茄客特有的芳香感知吗？现在，我们用更通俗易懂的话再给大家详细解释一下。让我们一起来追踪和感受芳香的流动轨迹吧。

　　从点燃雪茄的那一刻起，芳香便直接触达我们的嗅觉，同时口腔中能感受到雪茄的独特风味。当烟气在口腔中停留并被吐出时，我们会注意到

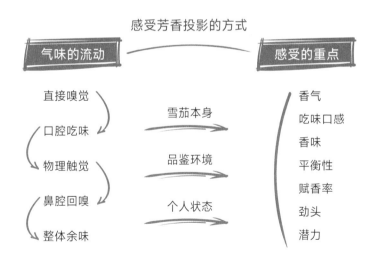

其物理特征，如颗粒感。随后，通过鼻腔的回嗅和口腔余味，我们能进一步感知雪茄的深层特质，如陈年潜力、平衡感、叶组配方及制作情感。最终，雪茄品鉴的感受受三大因素影响：雪茄本身、品鉴环境及个人状态。

燃烧热力学

下图为我们简单区分了雪茄的不同燃烧区域。热裂解和无焰燃烧（阴燃）是燃烧的两个主要阶段。

左侧的烟灰区我们称为碳化区，接着到达红色端面的燃烧层，燃烧层之后的剩余区域为干馏区。

在品鉴雪茄之初，雪茄的烟叶与品鉴环境之间达到了平衡状态，这意味着雪茄与所处房间的温度、湿度等条件是相互协调的。品鉴过程中的任何细微变化都会对雪茄产生显著影响。雪茄与其环境之间持续进行着物质和能量的交换，以使温度、湿度和压力方面都趋于平衡，任何参数的变

碳化区　　　　　　　　　　　燃烧层　　　　　干馏区

动都会引发其他参数的相应调整。这种热力学传递效应解释了为何雪茄在品鉴过程中会变得更干燥或更潮湿，这取决于其周围环境的条件——雪茄会因此失去或吸收湿度。因此，即便雪茄在储存时状态良好、参数标准，但在品鉴的过程中我们还会发现雪茄本身的状态仍会发生变化。一般认为，雪茄的最佳储存环境温度要保持在 18 ~ 25℃，空气相对湿度要控制在 11% ~ 14%，这样才能确保雪茄在品鉴时展现出最佳风味。

大家有没有注意到，在雪茄被点燃之前，雪茄烟叶已经通过蒸发和扩散释放出很多香味，这种方式类似于香水中香氛的扩散。在存养环境中，雪茄烟叶细胞中的一些挥发性的物质会自然蒸发。这种蒸发将雪茄烟叶细胞中最易挥发的有机化合物推送到气相中，完成汽化（或蒸发）的转化。然后，气体芳香物质通过扩散作用，在环境中由高浓度区域缓缓扩散至低浓度区域。这些挥发的香气可以从两个方面感受到：附着在包装物（如雪松木片、纸盒、玻璃纸等）上的味道和雪茄烟叶的原始味道。

香气，又称芳香尾迹，是液体或固体中最易挥发的成分在常温下蒸发，然后扩散到周围环境中时所散发出的芳香。像所有其他的芳香分布或香气扩散现象一样，雪茄的香气也是从高浓度区域向低浓度区域扩散的。当我们品鉴未点燃的雪茄时，雪茄烟叶中挥发性有机芳香分子会

邵奕／摄

随着空气流动释放出特殊的香氛，这种品鉴方式在西班牙语中被称为"冷

吸（fumaren crudo）"。

雪茄烟灰是燃烧后留下的物理残留物，主要由矿物质和烟草中的其他成分燃烧后形成。大多数可燃的有机部分通常会以烟雾的形式逸出，而未燃烧的矿物成分则以残留物的形式存在，钙、钾、镁的氧化物及碳酸盐一

起被认为是白灰（雪茄烟灰）的主要成分，此外还含有一些微量钠盐等。这些矿物成分在原始植株的下部叶片中含量更高，将直接影响叶片的燃烧质量。我们知道在烟叶的晾晒干茎期，雪茄烟叶细胞中的有机物大量流失，矿物含量相对浓缩。在后期的发酵过程中，有机物会进一步损失，矿物浓度则相应增加，最终将显著改善烟叶的燃烧性能。完全燃烧时，雪茄会产生白色灰烬，然而，如果燃烧不完全，灰烬会呈灰色，甚至近乎黑色。很多人可能会联想到古巴雪茄与非古雪茄的烟灰色泽的差异。确实，从燃烧

的角度来说，非古雪茄往往燃烧得更完全，但这也和雪茄烟叶中的氯离子含量有密切关系。雪茄烟叶中的氯离子含量越高，则烟灰颜色越偏向黑色，反之，则偏向白色。因此，我们在进行雪茄评分的时候，烟灰色泽的分值占比权重非常低。关于中式雪茄的感官评价标准，我们将在本书后续内容

中详细介绍，此处不再赘述。随着未燃烧残留物的积累，灰烬的颜色自然会变得更深，主要是碳和以木炭形式存在的有机物所致。燃烧性差的叶子会产生深灰色的灰烬。通过观察灰烬的颜色，我们可以大致判断燃烧的完全性和质量。雪茄烟叶的矿物含量越丰富、越浓缩，实现完全燃烧难度就越大。一支具有浓烈芳香的雪茄，其燃烧性能往往取决于烟叶的发酵过程是否巧妙。快速而强烈地发酵（短时间交替高温高湿），烟叶在燃烧时会产生白灰，但香气却会大打折扣。这是因为发酵过程的速度和强度导致了芳香特性的

大量损失。最后，碳化层保留能力也是品鉴过程中的一个重要特征。凝灰性是一个有趣的指标，我们可以通过凝灰性对烟叶原料的质量和卷制师的技巧进行评估，当然你的品鉴方式也会对凝灰有很大的影响。雪茄烟灰的颜色实际上一个复杂的系统，我们在日常品鉴雪茄的时候，关于雪茄的灰色经常会引起一些复杂的争论。毋庸置疑，好的土壤质量必然会产生高潜力的雪茄烟叶，但在其干燥或发酵过程中，技术员们的粗心大意或缺乏经验往往会使其变质。如果专家们对质量较差的土壤有很好的了解，在后续的烟叶调制过程中做出针对性的调整，那么我们仍然可以得到很好的原料。言归正传，雪茄烟灰的颜色应该被看作是一个多方面的、相互关联的综合体，有许多影响因素。雪茄烟叶完全燃烧产生白灰，但是只有在留下几乎纯净的矿物残渣时它才会产生，这是几乎不可能的，有许多因素会干扰和影响燃烧的质量和完全性，土壤的宏观结构和微量元素组成越好，良好燃烧的机会就越高。然而，这远不是主导因素。雪茄烟灰的最终颜色受多方面

便携式雪茄皮套烟缸　邵奕／摄

影响，包括烟叶的遗传特征、调制和发酵质量、养护参数、陈化时间和水分含量等。品鉴环境和品鉴者的行为也起一定作用。因此，在耕作的土壤中，富含镁（Mg）、钙（Ca）、钠（Na）和钾（K）元素是重要的，但在雪茄燃烧过程中它们并不直接决定雪茄燃烧时是否产生白灰，它们仅能最大限度地提供烟叶成分平衡的机会，从而最终获得良好的燃烧性能。

总之，土壤富含镁和钾等元素是重要的，但仅凭这一点并不能保证令人满意的燃烧条件。灰烬的白色是完全燃烧的结果，因此是一系列因素和过程共同作用的结果。由于各因素之间存在相互联系，单一参数难以解释灰烬为何呈现白色。灰烬颜色的形成是一个多面且动态的复杂系统。

当雪茄燃烧时，产生的烟雾是由物质燃烧后悬浮在空气中的固体和液体微粒以及气体共同组成的。烟的气相部分由燃烧过程中产生的气体、燃烧中升华的固体物质以及蒸发的液体有机物形成。烟的固相部分是由燃烧产生的悬浮颗粒形成，并由上升的空气携带并向上扩散。事实上，烟是包含数百种甚至更多物质的复杂混合物，要对其进行精确分析是相当复杂的任务。

气溶胶：气溶胶是悬浮在空气或另一种气体中的固体和 /
或液体颗粒的系统。它们由物理形式、分散性（颗粒的大小
/ 质量不均匀性）以及起源方式（如雾、尘、烟等）来定义。

雪茄与古建筑　邵奕 / 摄

雪茄烟气的运动可以用以下三种现象的结合来解释。

扩散	任何气体为了达到平衡而从高浓度区域向低浓度区域移动而产生的自由扩散。
空气浮力	烟雾比周围的空气温暖，因此密度较低，通常会垂直上升。当它上升时，温度会冷却并减缓这种上升运动。在室内无风的环境下，躺在沙发上向上吐出雪茄烟气时，刚从口腔喷出的烟雾由于温度较高，会缓缓地向上空升腾。随后，当新的、速度较快的烟雾从下方升起时，它们会撞击到上方速度已减慢的烟雾，这种相互作用导致烟羽在一次次连续喷发后呈现出明显的停滞现象，宛如一幅幅动态的烟雾画作。
烟雾初始动量	从你口腔中释放的雪茄烟雾会以一定的速度喷出，从而产生向上或向侧方的动力。不过，我们很少看到雪茄客会快速地喷吐烟雾，显然这是一种不合时宜的动作，而成熟的雪茄客往往会悠然自得地用舌头缓慢地"推"出烟雾。

这三种烟雾流动共同形成了移动的烟柱，并逐渐扩散。细心的你此时会看到从正在品鉴的雪茄中逸出两种颜色的烟雾：从燃烧层逸出的蓝灰色烟雾和从雪茄头部逸出的棕色烟雾。燃烧层逸出的蓝灰色烟雾总是轻盈而快速的移动，它源于燃烧的干馏和碳化反应，导致植物组织中最易挥发的芳香成分被释放出来，形成了极小物理颗粒的气溶胶，从而散射出蓝光被我们直接感知。

而在雪茄头部产生的棕色烟雾则沉重而缓慢地移动着，它是雪茄充分燃烧后形成的，通过雪茄体的过滤而呈现出来，包括固体颗粒、液态物质和气体，形成了一种复杂的气溶胶。不同类型的烟雾，在物理和化学性质上均存在差异。它们源自雪茄燃烧的不同阶段，会释放出截然不同的芳香和味道。这些芳香流是以两种方式被我们感知：一种是通过味蕾感知，另一种是通过鼻腔回嗅。在评价时，我们也会运用不同的品鉴器官，采用相应的评判标准来分别评估它们。

品鉴环境的温度和湿度超过一定的热阈值（确切的极限仍然未知）时，燃烧的产物成分会急剧变化。根据经验，燃烧温度高似乎对香气和味道有负面影响，并改变烟雾的成分。较高的燃烧温度会产生刺激性芳香，燃烧产物会减少；相反，较低的燃烧温度会提供更平衡和更丰富的芳香，

邵奕／摄

这就是我们慢抽雪茄所带来的妙处。品鉴雪茄并非一蹴而就的事情，雪茄需要静心品鉴，方能感悟其中之美。对于顶级和陈年的雪茄，强烈建议延缓品鉴速度，因为它们对燃烧温度更加敏感，急速吸烟会影响品鉴体验。为了获得更好的口感，雪茄的理想含水量在11%~14% 之间。超过这个标准，水分会吸收和垄断燃烧所需

邵奕/摄

的能量，从而降低燃烧质量。雪茄含水量高往往会产生更浓郁的味道，从而导致整体感官品鉴的失衡；当雪茄过于干燥时，在品鉴过程中，会产生一种特定的芳香。有的人喜欢偏湿润的雪茄，而有的人喜欢偏干燥的雪茄，前者口腔感受大于鼻腔感受，后者反之。

关于雪茄烟气的流体力学

在抽吸雪茄时，当我们用口腔对雪茄施加吸力，雪茄头部会产生一个低压区域，吸引大量空气涌入雪茄内部并贯穿整个茄体。在这一过程中，进入的空气首先助燃雪茄，随后燃烧产生的新烟雾被输送至我们口中。雪茄燃烧时的气体流动可分为四个区域：雪茄前端（空气进入雪茄之前的区域）、雪茄体（雪茄内部的空气）、雪茄头的缩小截面（烟雾出口段）和雪茄后端（雪茄燃烧后释放到外界的空气区域）。对于品鉴而言，最关键的部分在雪茄体和雪茄头。

空气流动方向

雪茄的
后方空气

雪茄的
前方空气

流体总是从压力较高的区域流向压力较低的区域，而且流体的速度越高，压力就越低。此外，当横截面减小时，流体的速度自然增加，以保持相同的体积流量。这些概念和原理是由科学家丹尼尔·伯努利和乔瓦尼·巴蒂斯塔·文丘里首次系统阐述的。因此，当烟气到达雪茄头的收缩处时，其速度增加且压力降低。对于标准型雪茄，雪茄横截面直径的收缩由宽柱体末端的窄孔产生，由于这是一个突然收紧的流动，所以烟气湍流在这里产生。如果雪茄头部呈圆锥形，由于收缩距离较长，烟气流动更加稳定，产生的湍流也更少。Piramide、Belicoso 形状的雪茄，以及其他任何具有锥形头部的 Figurado 雪茄皆是如此。锥形头部的端面直径逐渐减小，就像一个漏斗，将会稳定气体流动并产生更少的气体压力损失，从而减少输送到我们口腔中的烟雾的不稳定性，因此，雪茄的圆锥形头肩部或圆锥形体越长，燃烧产生的芳香传递就越稳定和谐。

然而，我们现在宏观描述这样一个系统的运动仍有局限性，因为雪茄内部烟叶结构错综复杂，烟体流动远非完美可测。在这里，我们来探讨一个在日常雪茄品鉴中常见的现象。在品鉴锥形雪茄时，常见的剪切方式是平剪与斜剪，一些人认为斜剪会使雪茄烟道更加通畅，从而达到减少堵塞的效果。事实上，雪茄的吸阻设计与剪切的方式没有必然联系，更多地与雪茄的茄芯均匀度有关，同时，养护条件、运输震荡等其他因素也直接对吸阻有影响。根据我的观察，锥形雪茄在斜剪后，大多数情况下可能会导致品鉴过程中出现斜烧的情况。当然，也有一些资深的雪茄爱好者，他们即便采用斜剪方式，也能享受一整支雪茄的完美燃烧。这无疑表明，他们对雪茄的驾驭能力远超大多数品鉴者。

以下一些事实削弱了上面描述的完美流体动力学分析。

1. 摩擦和磨损

由束状的烟叶产生的摩擦力可能会改变烟气流体的某些特性，此外，由于一些雪茄烟叶燃烧时产生的物理颗粒增加气道磨损，也会增加雪茄烟气出口的湍流稳态。

2. 气体温度

在经过了燃烧层之后，雪茄体中的空气、蒸气和烟雾实际上是相当热的，随后在雪茄中冷却，这种温度降低可能会影响上述所讨论的一些关系。

3. 空气混合物

雪茄前方的空气显然与雪茄后方的空气存在显著差异。燃烧过程剧烈地改变了空气的组成，生成了丰富的烟雾。当这些烟雾从燃烧层流向雪茄头部时，它们自身也经历了变化，在未燃烧的烟叶间停留会沉积下大量新的化合物，导致空气混合物发生了一系列复杂的转化。

4. 凝结

有时，在雪茄抽吸端面上可以观察到凝结物。这些凝结物主要由烟焦油及其他多种集合物质组成，当我们用白色纸巾轻蘸这个端面时，会明显看到焦糖色的溶液。从技术上讲，当温度下降（在恒定的体积和压力下）或气体被压缩时，气体或一些挥发性化合物会发生冷凝。这种冷凝现象在收缩和卷曲的烟叶内部尤为显著，特别是在雪茄的抽吸端面附近。它始于燃烧层，并一直贯穿雪茄的整体，直至我们抽吸的端面。这解释了为什么随着品鉴的持续进行，雪茄的强度会逐渐增强。

5. 吸力

由于雪茄周围的直接压力相对稳定，空气主要通过我们的口腔吸力在雪茄中流动。随着空气从高压区域向低压区域移动，雪茄内部的空气会呈现变加速的状态。抽吸的频率和速率变化可能会对雪茄燃烧和烟气传递的系统行为产生显著影响。

关于这一主题的科学研究很少，这给我们的品鉴留下了许多谜团。这里提到的一些观点是部分推测，提出这些观点是为了鼓励我们进一步的思考，并帮助理解雪茄中的蒸气和烟雾的流体动力学特性，特别是不同雪茄形状对蒸气和烟雾的流体动力学影响。

正确地去品味：烟草的品鉴体系与方法

我们在前面讲述了一些雪茄品鉴学的概念，那么在此基础上，我们来探讨一个普遍适用的烟草品鉴方法。无论你接触的是哪个国家、哪个烟叶产区，还是哪个公司机构，其品鉴师所用到的方法和概念，都将在我们接

下来的内容中得到详尽阐述。我们提出的概念或许并非尽善尽美，但我们坚信它们是真实且科学的。我们中立且理性地围绕雪茄的文化、质量和品鉴创造新的想法和办法，这不仅是为了激发新的激情、推动更深入的研究，更是为了向此刻正沉浸于雪茄世界的你，提供一个谦逊而实用的建议，以帮助你更好地理解雪茄，提升你的雪茄品鉴能力。

　　雪茄香气和味道源于雪茄烟叶的燃烧。更确切地说，不同的芳烃馏分来自燃烧的不同阶段，因此它们在物质构成上有很大的不同。最终，所有这些不同馏分的精妙组合，共同构成了雪茄独特的芳香传递。这种香气与味道的和谐交融，我们称为雪茄的芳香轮廓。这正是雪茄的奢华所在，它以一种美妙的感官盛宴，陪伴着此刻的你，温暖着每一寸时光，温柔地抚

慰着人心。

在雪茄烟叶的燃烧过程中，我们观察认为大致会产生以下四种芳烃馏分。

1. 干香气

仅将干香气视为芳香的一部分。干香气，也被称为绿色香气，是雪茄中较易挥发的有机芳香成分，它们以蒸发和扩散的方式，分布在雪茄附近的环境中。我们首先感受到的雪茄芳香，主要是这种干燥的芳香，它是由雪茄烟叶自然扩散到包装物周围的。在这里，我们有必要介绍一下塞璐玢纸，它的英文名叫 Cellophane，最早是由瑞士化学家雅克·布兰登伯格（Jacques Brandenberger）在 20 世纪初发明的，但是直到 1927 年左右，塞璐玢纸才被多米尼加、尼加拉瓜以及洪都拉斯等国家的雪茄烟厂作为外包装材料来使用。塞璐玢纸是一种以棉浆、木浆等天然纤维素为原料制成的低渗透性透明薄膜纸，它具有优秀的生物降解性能，并且透气性良好，这种透气性通过膜上的微小气孔实现，既有利于空气流通，又能确保水分、油脂和香味不易流失，对细菌也具有一定的隔离作用，因此被广泛地应用于食品包装。

对于塞璐玢纸是否会影响雪茄醇化这个问题，据实验表明，用塞璐玢纸包裹的雪茄在同等醇化条件下味道更佳。在雪茄的运输环节中，塞璐玢纸能有效地保护茄衣，防止雪茄的相互摩擦；在零售环节，塞璐玢纸的包装能够让单支雪茄更卫生，即使你触摸或是轻嗅雪茄，隔着

雪茄品鉴过程 邵奕/摄

塞璐玢纸也可以给你近似的感官。最后，塞璐玢纸的一个显著优点就是防止雪茄在存养过程中相互串味，并隔绝外部因素的干扰。未点燃的雪茄烟叶原始的味道，以及随着叶温升高而释放的第二次汽化香气，这两股香气，连同叶子表面的油、蜡和树脂中的高挥发性物质所产生的干香，共同构成了雪茄独特的香气谱。这些香气直接源自烟叶的有机成分，并在干燥、发酵、陈化等制作过程中得以挥发。

2. 蒸馏馏分的芳香

仅将蒸馏馏分的芳香视为芳香的一部分。它们源自雪茄烟叶中化合物的干馏过程，并在第一阶段的热分解和升华中扩散到大气中。

3. 第一阶段燃烧产生的芳香性

这些芳香分子是由雪茄的完全燃烧产生的。在雪茄叶梗的全部燃烧过程中，有机化合物在燃烧过程中重新组合，形成了一系列新的化合物。这些新生成的芳香物质融入到烟流中，随着烟雾的升起，随后它将被你品鉴到。

4. 第二阶段燃烧产生的芳香性

这些芳香成分是由烟叶催生出的新物质在第二阶燃烧中转化而来的。由于烟气在雪茄内部的卷曲路径中传播，部分烟雾成分会渗透并保留在未燃烧的雪茄烟叶孔隙中，或以微小颗粒的形式沉积在烟叶表面。当燃烧层逐渐推进至这些沉积了额外物质的区域时，这些物质会被重新点燃并产生最浓重的芳香，在这里产生的强劲的芳香部分被称为这支雪茄的主线香型。这种香型是雪茄品鉴过程中的核心，它融合了多种芳香成分，为雪茄增添了无与伦比的香气深度和层次。

我们的品鉴过程实际上就是这四类芳香组分的推演进程，整个芳香投影系统随着雪茄的持续燃烧而演变，随着品鉴深入，雪茄芳香的轮廓也在明显地发生变化，并为我们创造了一定的动态体验，难怪会有雪茄客这样说雪茄："看吧，她是活灵活现的、富于变化的。"

在你的品鉴过程中，上述四种芳香组分以不同的比例时刻进行着演化。一些干的、蒸馏的和第一阶段燃烧的馏分芳香化合物的体积在这个过程中几乎保持不变，而第二阶段燃烧的馏分体积的增加就变得更重要。因此，这四种芳香数值都有绝对值和相对值的变化。以下我们来具体分析它们的变化。

干馏分香气（绝对值稳定 / 相对值完全减少）：由于其易碎性及其扩散方式的属性，在燃烧初期，干馏分香气按比例显著减少，最终几乎从整支雪茄的芳香系统中"消失"。事实上，当雪茄的香气初次散发时，它们完全被另一组香气更强的芳香物质所掩盖了。蒸馏馏分芳香（绝对值相对

绝对值：当一个数值被单独取出并仅就其本身进行观察和分析时，不与其他数值或参数进行比较或参考。它是作为一个独立的实体被看待和考虑的。

相对值：当一个值作为一组数值或整体中的一部分时，它所表现出的相对于其他类似参数的比例或大小。它是从相对的角度而非绝对数值来衡量的。

稳定／相对值急剧减少）：这些强劲的芳香在燃烧过程中相对稳定，它们在整体芳香贡献中的相对值是逐渐降低的。但是蒸馏香气仍然是必不可少的一部分，因为它们是品鉴中直接嗅觉的主要部分。第一阶段燃烧产生的芳香性（绝对值稳定／相对值缓慢下降）：尽管第一阶段燃烧产生的芳香性相当稳定，但它们在整个芳香投影中失去了相对重要性。第二阶段燃烧产生的芳香性（绝对值增加／相对值急剧增加）：由于其性质的缘故，第二阶段燃烧时，特定的化合物和馏分更充分地释放和转化，这是一个累加的过程。随着雪茄的燃烧，这些芳香物质在雪茄体过滤得越多，在随后的节点上保留和沉积的量就越大（这就是雪茄尺寸越大越具有丰浓香气潜质的原因）。同样由于它们的组成形式，这些化合物比其他组分对芳香投影有更强的影响，由于第二阶段燃烧更强烈，产生的新物质以及燃烧反应也更为剧烈，因此，这一阶段在雪茄品鉴过程中的重要性愈发凸显。

在此我们要讨论一个现象：请你在雪茄剪切开之后先不要点燃，观察一下头尾两个端面，哪一个端面的烟梗较多？相信大家已经有了答案。有的时候，大多数雪茄调香师会将更多的叶尖部分设计在雪茄尾部，这是为了让你在一开始就能品鉴到雪茄强劲的香气。除了燃烧原理之外，这种香气的强劲也可以通过以下事实来解释：第一燃烧部分来自雪茄烟叶叶肉的物质，其在整个品鉴过程中保持的比例非常稳定，而来自叶脉的物质则此时变得非常重要，因为叶脉比叶肉更粗更结实，并且随着叶脉从叶尖延伸到位于雪茄头部的叶柄附着处而变得更粗。植物学专家认为，植物的生物活动主要集中在叶片的细胞中，尤其是在叶尖和叶片的边缘部分，这些区域的化学成分更为集中，因此香气的传递在这些部分比在叶梗处更重要。虽然这是一个合乎逻辑的假设，但这部分反应在实验中难以精确观察，研究办法只能基于已知事实的合理推测。

当然除了上述经典的芳烃馏分模型外，芳烃结构的组成由下列四个来源产生。

1. 植物的原始芳香性

很多芳香化合物天然存在于绿叶中，其香气的透发度以及赋香率在很大程度上取决于土壤类型和植物的固有属性，这些芳香特性会根据种植者实施的农艺技术的多样性和效度而有所不同。

2. 第一级芳香度

叶片采收后，经过干燥、发酵和短期醇化等不同的调制处理过程，催生出新的芳香化合物。

3. 第二级芳香度

雪茄的这种芳香结构本质上是由雪茄燃烧时的热合成反应产生的。在品鉴雪茄的过程中，烟叶中的主要化合物会分解形成较小的化合物，这些化合物重新组合产生新的化合物，随着烟雾被释放出来，形成了雪茄特有的燃烧香味。

4. 第三级芳香度

雪茄烟叶的长期保存会引起烟叶本身的生化变化，从而改变其组分，这种陈化最终会创造出一种特定的芳香性。还记得有一件有趣的雪茄"事件"吗？美国一家威士忌酒厂在整理仓库时意外发现了一批大约存放了60年的优质雪茄烟叶，于是经过拍卖，这些烟叶被一家雪茄厂买去制作了大约2万支顶级雪茄。据最终抽到这款雪茄的客户说，时间的馈赠真是妙不可言，如果非要找一个词来形容，那就是"超凡脱俗"。

由于香气成分在品鉴过程中的不断演变，每一缕香味都会传递出不同的芳香轮廓。这些香气通常会从更易挥发和更轻的投影开始，并逐渐过渡到更重和更强的芳香。芳香感知是一系列阶段性体验过程的总和，它涉及识别和感受雪茄作为独特个体的各种感觉。这个完整的体验过程，我们称为雪茄的整体味道轮廓，是由所有的感官知觉共同构成的。它通常分为以下两个阶段，依次通过嗅觉、味觉、身体感觉、鼻腔的回嗅和口腔的回味来感知。首先，我们需要训练自己去欣赏和捕捉尽可能多的芳香轮廓，包括香气、味道和口感。这一阶段相对客观，它涉及对雪茄味道特征的识别和认知。接下来，我们则需要深入剖析其不同的构成元素，以识别并感知更为细腻的味道轮廓，这包括主线香型、平衡性、烟叶的活力、香气透发度、赋香率和韵感等方面。我们几乎所有的感官都需要参与这种雪茄感官品质的辨别。视觉、触觉、嗅觉和味觉，甚至听觉，都有助于感知雪茄的特性，虽然香气和味道通常是品鉴者的主要焦点，但口腔的物理感知以及整体的身体感觉也同样重要，它们为我们提供了分析雪茄味道的重要线索。在此过程中，视觉和触觉同样扮演着关键角色，需要被充分激活和运用。

这些感知是如何实现独立和联动工作的呢？下面我们来详述感知的五种流动方式。我们知道，在雪茄品鉴过程中，不同的芳香组分主要是通过加热促使的汽化（或挥发）以及热裂解过程从雪茄中逸散出来的。我们大多数人会习惯性地以三种不同的方式品鉴这两种香气：直接嗅觉，通过鼻子直接感受香气；口腔品鉴，体会香气在口腔中的滋味；回嗅，即香气在鼻腔中的回味感知。所有这些回味都具有一定的时间延迟，形成了一种流动的感觉体验。不论是哪种形态的刺激（气态、液态或固态），它们都会被感觉神经转化为神经冲动，并输送至大脑进行解析。味觉和嗅觉虽然存在细微差异，但它们都是感觉系统的重要组成部分，分别由味觉感受器和嗅觉上皮来感知信号。同时，在品鉴过程中，我们还能感受到身体上的其他物理感觉，这些感觉通过三叉神经的其他感受器被并行传递，构成了一种我们称为躯体感觉的感觉机制，它涉及多种受体（如化学、机械和温度受体）的刺激，并归属于感觉神经系统的躯体感觉系统。

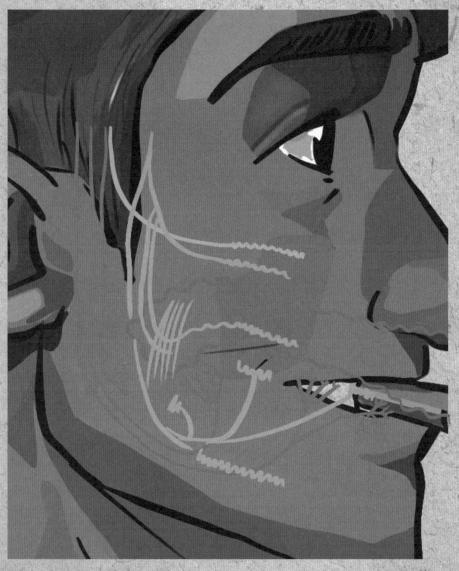

　　这幅图展示了各种可能的芳香感知，以及这些感知如何通过神经通道传递到大脑的过程。三种芳香流由绿色的波动箭头表示，分别是：直接嗅觉（通过鼻子直接吸入的烟气芳香）；味觉和口感（通过舌头和口腔感受的烟气味道和质地）；回味（烟气在口腔和鼻腔中停留后产生的持久芳香感觉）。

直接嗅觉和回溯嗅觉涉及嗅觉神经（绿色）、味觉涉及味觉神经（红色），而口感涉及三叉神经（蓝色）。

请大家理解并体会上图所示的品鉴器官以及通道，这是非常重要的品鉴技巧，以下我们来详细阐述这些独立和联动的工作进程。

1. 直接嗅觉

是对鼻腔中气味的直接嗅觉识别。芳香分子以气态或复杂的烟雾混合物形式进入鼻腔，被鼻腔黏液捕获并带到嗅上皮区域刺激嗅觉受体，此时，水溶性和溶解在黏液中的芳香颗粒被转导成特定的电信号，这些神经冲动通过嗅神经传递到大脑，被解码和记忆。直接嗅觉将主要分析和记忆雪茄的干香气和由汽化产生的烟草原味，以及由第二次汽化、干馏和碳化时产生的雪茄蒸馏香气的刺激。

2. 口腔吃味

是味觉细胞对口腔中味道的辨别。味觉是由雪茄烟雾中的化学成分（包括芳香成分）刺激味蕾而产生的，这些成分在口腔中可溶于唾液，然后与味蕾接触。味蕾上的受体主要分布于舌头，也存在于口腔的其他部位，如软腭、会厌等。受体与味道分子结合后，会产生神经冲动，这个信号随后通过味觉神经传递到大脑，在那里它被解码和记忆。纵观味觉科学，其在历史上吸引了许多科学家的好奇心。例如，由布里亚－萨瓦兰（1755—1826）于1825年出版的杰作《味觉生理学》奠定了该学科的基础。直至今日，对于人类的感觉机制仍有许多未解之谜。例如，一些感觉受体和识别通路的具体工作原理仍不完全清楚。在感官生理学中，某种感觉要被正式承认为味觉，必须满足以下条件。

（1）一种独特的刺激，在味蕾的味觉感受器细胞中触发感知通路。

（2）特定的细胞信号级联和将化学刺激转变为电信号的转导机制。

（3）通过味觉神经通路将电信号传递到大脑的处理区域。

（4）原始的生理反应，作为对那种味道的神经感知。

如果这四个条件不被完全满足，这些感觉将被定义为口感而不是味觉。

实际上，我们的味蕾不仅能感知五种传统上被公认的基本味道：酸、甜、苦、咸和鲜，而且还能感知其他复杂的味觉体验，如金属味、辣感、麻感、香和腻味等。味觉感受器主要是通过特定的受体来识别特定的味道，每种基本味道都有其独特的识别途径，包括生化感知、信号转导、神经传递和大脑解码等。然而，对于一些复杂的味觉体验，如辣感和麻感，它们并不是通过味觉感受器识别的，而是通过痛觉或触觉感受器来感知的。尽管如此，味觉感受器的组合和大脑的综合处理能力，使得我们能够体验到丰富多彩

的味觉世界。事实上，人类的味觉感受器远比仅能识别五种基本味道要复杂得多。例如，我们可以体验到几种类型的复合的苦味，比如说将苦杏仁粉末、莲芯颗粒、绿茶沫与苦瓜汁混合而成的复杂味道，这些味道组合也能够被我们的味蕾感知并记忆。

传统的舌头味觉图，将舌头的不同区域划分为负责解码特定的味觉，实际上是一种常见的误解。事实上，味觉的感知并不仅仅局限于舌头的特定区域，而是涉及到整个口腔黏膜，包括脸颊内侧、上腭以及上咽喉等部位。然而，由于我们缺乏相应的专业培训，这些部位的感知往往难以被准确分析和描述。品鉴时，口腔中的整体环境是味觉辨别的关键，味觉感知高度依赖环境因素，如温度和口腔 pH 值就是两个关键因素，任何环境变化都可能影响人们的味道感知。

3. 物理感觉

雪茄烟雾还会产生一些物理口感知觉。这些感觉主要由烟雾的固体颗粒产生。当雪茄烟雾的刺激出现在口中时，这种感觉在品鉴和回味中变得可被感知。黏膜的感受器负责对质地、触觉、疼痛和热觉等感觉进行感知和反馈。

如前所述，要被认定为味觉，这种感觉必须满足特定条件，其中包括通过涉及味觉感受器和味觉神经的明确感觉通路进行传递。因此，任何与口腔黏膜上的其他感受器或三叉神经相关的感觉，应被归类为口感而非味觉。因此，辛辣、凉爽、麻木、质感和温度都应归类为口感。当雪茄烟雾中的化合物进入口腔时，它们会刺激

陈年长城雪茄　刘瑞楠／摄

舌头、面颊、上腭和喉咙入口处的黏液膜中的三叉神经受体。事实上，这些神经末梢是不同类型的受体，它们会根据刺激的类型将不同的信息传递到神经系统。味觉感知则是通过化学感受器对化学刺激、机械感受器对机械刺激以及热感受器对热刺激的反应共同实现的。虽然这种感官体验在技术上并不属于味觉或品鉴的严格定义，但它确实是在口腔中产生的。因此，对这些感觉进行分类确实具有挑战性，比如我们常说的辛辣和涩味，就值得深入思考它们应该如何被准确归类。

4. 反向嗅觉

与通过鼻孔直接嗅闻气味的正向嗅觉不同，反向嗅觉是通过口腔后部感受到气味的过程。我们认为回嗅不仅仅是另一种嗅觉，还是雪茄风味多维感觉的核心。反向嗅觉将整个品鉴体验提升到新的高度。回嗅是挥发性气味分子通过口腔和鼻咽部进入鼻腔的。当芳香族化合物通过口腔后部进入鼻腔中段时，产生了不同于正向嗅觉的气味感知。回嗅具有独特的特征，例如香气到达的方向、芳香途径（例如汽化和干馏的芳香与第一次和第二次燃烧的芳香）、烟雾温度等，这些因素都在变化和衍生。反向嗅觉主要由挥发性的芳香化合物产生，这些化合物在雪茄燃烧的不同阶段释放，但在品鉴的最初时刻就已经开始发挥作用。

5. 回味

也被称为余味，是在我们吞吐烟雾后逐渐减弱的味觉和嗅觉感知。我们可以通过自然的呼吸、轻微的咀嚼和舌头对上腭的动作来增强这种感觉。回味是挥发性芳香化合物和味觉刺激在口腔中残留并逐渐消散的过程。当这些化合物的浓度和味觉刺激减弱到低于感知阈值时，回味感就结束了。与其他品鉴方式类似，回味涉及多种感官途径。葡萄酒行业使用"秒"来量化回味的持续时间，这些概念同样适用于雪茄品鉴。当葡萄酒被吐出或吞咽后，我们仍然能在口腔中感受到余味，雪茄品鉴也是一样。

在现阶段，我们常提到的雪茄风味是什么概念呢？大家对雪茄风味轮盘可能已经很熟悉。通过上述的"修炼"，我们试图描述雪茄的风味，这也是集全球各种雪茄品鉴体系的一种综合性描述。虽然风味轮盘是一个重要的工具，但在本部分中我们将不详细讨论，因为接下来的内容更为有趣。

当我们品鉴每一支雪茄时，由各种关键元素组成的雪茄味道轮廓最终被我们感知并解码，在这些复杂的化学感觉被转换成信息，被大脑接收后，最终形成我们的感官体验。随后，我们将其简化为一个简单的问题：这支雪茄到底好不好？

雪茄的味道轮廓是所有嗅觉、味觉和身体感知的结合所创造的整体印象。理论上，显著的芳香投影是复杂的雪茄味道轮廓的分析结果。但实际情况并非总是如此。优秀的雪茄潜力可能会被不佳的品鉴条件破坏，例如糟糕的天气、不理想的雪茄吧，频繁震荡的养护抑或不合时宜的配饮。当然最坏的情况是没有一位称职的侍茄师。相反，通过了解雪茄、环境和品鉴者的状态，有经验的侍茄师可以最大限度地提高品鉴者对

雪茄芳香和风味特征的感知。侍茄师的关键任务是让雪茄发挥其内在潜力，引导品鉴者从以下五种感官中感受雪茄的风味。

1.香气风格、味道以及口感（雪茄味道轮廓）

•香气：通过直接嗅觉或回溯嗅觉在鼻腔感知。

•味觉：通过舌头和口腔中的味觉受体感知。

•口腔感觉：在口腔黏膜上感觉到的物理感觉。

2.香味属性

香味、味道和口感的多样性和强度。反映了味道轮廓的复杂程度。

3.风味

雪茄的芳香族化合物感官输入的强度和体积。

•平衡性：所有部分微妙地组合在一起，无明显层次差异，有时被一些品鉴者称为"圆润"。

•技巧性：芳香族化合物的混合所提供的能量和活力，如同乐团中各种器乐的合奏，它们的和谐与优雅程度在很大程度上展现了雪茄调香师的功力。

4.味道的持久性

在回味中能感觉到，这是一种挥之不去的味觉以及烟气留存并逐渐消失的舒适度。

5.味道的延展性

随着燃烧的进行，雪茄整体感官的转变和进化，当然烟叶本身的陈年潜力也是重要的评估项。

在雪茄品鉴过程中，芳香部分的感知可以被很好地、中等地或微弱地察觉到。这种感知的强度不仅取决于芳香成分的存在量或浓度，还与其活力或效力密切相关。活力更强的芳香成分，即使在存在量较低的情况下，也可能在感知上显得更强烈。

强度是品鉴者感知到的芳香信号的一个关键属性，它由芳香刺激的浓度和活力共同决定，并具有定量（信号的绝对量）和定性（信号的功效）双重成分。在风味的具体情境下，强度涉及所有风味成分的整体表现，香气、味觉和口感都有各自的强度特征。

除了强度，多样性也是品鉴过程中一个重要的感知属性。品鉴者感知到的芳香信号的多样性由成分阵列的复杂性决定，更广泛的信号范围将创造更加丰富多样的口味体验。然而，识别出这种多样性需要大量的品鉴实践，因为芳香多样性的增加比强度上的变化更难察觉。

感觉阈值则是另一个重要的概念。绝对感觉阈值是指感官刺激能被我们感知到的必须达到的最小强度。当感觉刺激强度增加时，将达到识别感觉阈值，此时我们不仅可以感知到信号，还可以清楚地识别它们。随着强度进一步增加，芳香成分将达到不同的感觉阈值，使我们能够感知到刺激变化的层次。

实际上感知每个芳香信号将受到以下因素的影响：

（1）雪茄特性：包括雪茄的尺寸和质量等因素。

（2）口鼻状况：包括口腔和鼻腔的酸碱度、当前的物理状态和温度等。

（3）感官敏锐度：包括感官敏锐性和生理状态。

（4）动机和胃口：对新口味的兴趣和食欲。

还有一个十分重要的观点就是你的记忆和经验也是辨别香味、味道和口感的关键。有些雪茄品鉴者天生就有抓取这些味道的天赋，而更多人则

邵奕／摄

需要通过锻炼和记忆来训练和磨砺自己的技能。优秀的雪茄品鉴者是那些
以开放的思维来训练其专业知识和天赋的人，同时，好奇心和丰富的品鉴
经验将有助于提高他们的感官知觉能力。

在特定时刻，一个芳香信号的丰富性来自于它的多样性和强度。这可
以通过下图来说明，其中多样性用水平轴表示，强度用垂直轴表示。这种
分布可以代表整个感知经验。这张图还可以展示味道的组成部分，如香气、
味道或物理感觉，以及它们的构成部分。在图中，分布可以表示为连接每
个信号顶点的简单曲线。因此，曲线下的总面积代表了所研究的芳香家族
的总体体积或丰富度。除了这种二维图表，其他类型的图也可以说明关键
的芳香或芳香家族存在，如在感官分析中常用的蛛网图。

感官信号丰富度的二维图表，是将香气划分为几个可感知的、具有不
同特征的家族。每个香气家族通过其在水平轴上的宽度来表示多样性，通
过垂直轴上的高度来表示强度。同时，各种感觉阈值也被标示出来，帮助

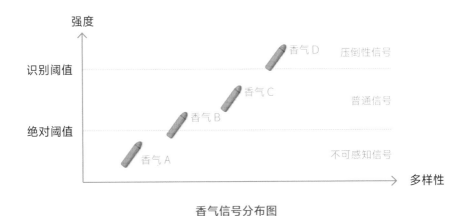

香气信号分布图

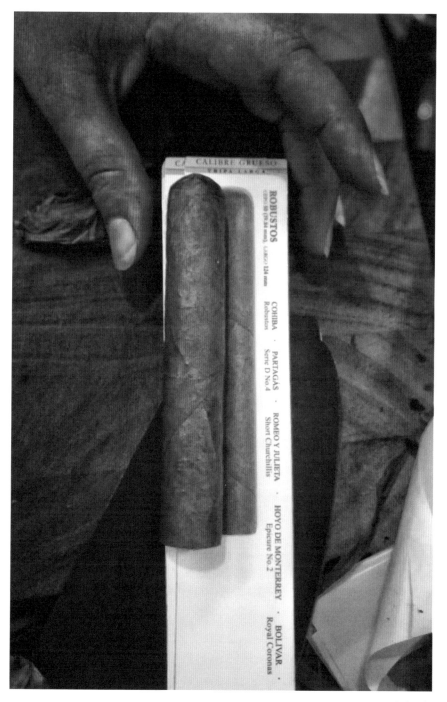

邵奕 / 摄

我们将信号分类为不同的强度级别（脆弱的、普通的和压倒性的），曲线下的总面积就是信号的总体丰富度。

作为一名雪茄爱好者，你的品鉴方式会对整个品鉴过程产生深远影响。一支优质的雪茄只有在正确品鉴时才能展现其最佳状态，如果品鉴不当，雪茄的品质将被浪费。事实上，所有涉及感官体验的精美产品都需要被充分理解才能被完全欣赏。因此，雪茄品鉴者的行为和鉴别能力对品鉴的整体质量至关重要。

在本部分的最后，有必要重提雪茄的三段论。

许多人习惯性地将雪茄品鉴分为三个阶段，甚至认为所有雪茄都必须经历这三个主要的可识别阶段。然而，在阅读了前面的理论和方法之后，请你静下心来思考：雪茄品鉴真的只有三段吗？

考虑到芳香馏分的概念及其连续的绝对和相对演变，让我们来重新审视雪茄的三段论。首先，在品鉴过程中，考虑到雪茄烟叶未燃烧的干香味

和雪茄的干生味道，这为经典的三分法观点增加了一个重要的新元素。其次，在正常情况下，芳香投影和感知似乎都经历了持续的演变，无论发展到中等程度还是较大程度，这些变化通常是渐进的、线性的，在整个品鉴过程中保持平稳和持续。除非发生一个强烈事件（雪茄中途熄灭）导致了这个动态的急剧变化，否则没有任何确凿的理由可以解释品鉴的三段显著变化。

烟叶的香味测试　邵奕／摄

卷制师卷制雪茄场景图 邵奕 / 摄

最后，在品鉴雪茄时，似乎总有一种向更强烈芳香性发展的趋势，这一进展可以归因于以下两个主要因素。

（1）烟叶卷制工艺：雪茄在卷制时，烟叶被精心折叠并组装，其中叶尖通常指向雪茄的尾部，即燃烧起始点。由于叶尖的化学成分含量相较于叶柄末端更高，而颗粒物质在叶柄处更为厚重集中，因此，在品鉴时，叶尖部分相较于叶柄部分会展现出更为淡雅的风味。这一规律同样适用于反卷雪茄。

（2）二次燃烧带来的芳香性：随着品鉴的深入，雪茄燃烧过程中产生的烟雾会经过雪茄体的冷却和过滤。当燃烧层推进至这些沉积物时，它们会再次燃烧，释放出独特的二次燃烧芳香。正如在芳香特性分析中所述，这种机制随着品鉴的进行，将逐渐塑造出更为丰富、稳健的味道轮廓。

味道轮廓通常是线性演变的，从技术上来说，它可以是平坦的、递增的或递减的。因此，一些因素和观察表明，雪茄品鉴过程的演变通常是渐进式的，并没有所谓的三个明确的、显著的阶段。我们不妨这样说：三段论的概念可以作为描述雪茄感官发展的象征性方式。这一说法简化了雪茄的品鉴过程。在前三分之一阶段，雪茄刚开始燃烧，温度逐渐升高，烟叶的特性开始显现。由于这个阶段很难立即达到最佳品鉴状态，雪茄可能会显得不太稳定，有时甚至不太理想。因此，绝不能根据雪茄最初燃烧的几毫米来判断它的品质。从品鉴的第二个三分之一开始，雪茄应该逐步达到最佳状态，如果叶组配方和雪茄本身的状态良好，此时它会展现出所有芳香投影，极具迷人的魅力。在品鉴接近尾声的最后三分之一阶段，随着抽吸速度的加快，雪茄烟雾的颗粒感也变得更强。这种现象经常发生，通常

邵奕 / 摄

不利于总体的芳香性和品鉴的平衡。随着品鉴结束，雪茄客将对雪茄做最后的告别，作出这一决定的时间是独立的、不受惯例或外部因素左右的，有些人会在还没到最后三分之一的时候就放弃他们的雪茄，而另一些人会一直持续到雪茄的燃烧层接近他们的手指为止。

　　事实上，结束一次品鉴的唯一正确时机是在雪茄让你满足的那一刻，而这一瞬间对我们每个人来说都是独特的。

中式雪茄感官品吸标准

评分体系

1. 外观物理质量指标及其观感影响

雪茄外观物理质量指标包括茄衣颜色、茄衣色泽均匀度、茄衣卷制绷紧度、茄芯均匀度、点燃前透气度以及整体外观六项指标。由于茄衣颜色仅涉及雪茄消费风格和个人喜好选择，不直接影响雪茄的实际感官质量，因此，本感官质量评价方法中不将其纳入评价指标。

1.1 茄衣颜色

经典雪茄的设计和工艺制造将雪茄的茄衣颜色由浅至深分为七种，并且这些颜色在某种程度上反映雪茄的风味特征。

现代雪茄产品设计师尊重传统习惯，在设计雪茄产品时，会选择不同颜色的烟叶作为茄衣，以此表征不同雪茄产品的风味差异。一般来说，浅色的雪茄茄衣通常风味较淡或温和；褐黄色茄

长城雪茄系列产品

衣的雪茄风味为中等浓度；深褐色或深黑褐色茄衣的雪茄则风味更浓烈甚至高强度。这类浓烈风味的雪茄在欧洲，尤其深受德国的雪茄爱好者欢迎。目前，墨西哥雪茄也逐渐表现出类似的趋势。

1.2 茄衣色泽均匀度

雪茄茄衣色泽均匀度是衡量茄衣质量的感官指标，根据其颜色的一致性和光泽的均匀性，可分为均匀一致、较均匀一致、一般、欠均匀、不均匀五个等级。

雪茄茄衣上的青斑

1.3 茄衣卷制绷紧度

雪茄茄衣绷紧度是表征雪茄卷制技师指力分布力度的外观指标，也可借助其判定同一技师所卷制的雪茄烟胚的均匀性，根据其对雪茄燃烧及感官质量的影响，

卷制技师卷制雪茄

绷紧度可分为自然、紧平、紧皱、松弛、脱落五个等级。

1.4 茄芯均匀度

雪茄茄芯均匀度是衡量雪茄卷制技师对茄芯烟叶的摆放是否均匀，卷制力道是否一致的观感指标，根据其对雪茄燃烧均匀性和燃烧速度的影响，可分为自然、

雪茄茄芯

均密、紧实、松散、空松五个等级。

1.5 点燃前透气度

雪茄点燃前透气度的判定是雪
茄客的一种习惯性行为，目的是评
估所钟爱品牌产品的质量是否符合
记忆中的标准，从而使雪茄感受体
验更加完整。根据其感受到的空气

雪茄茄芯　刘瑞楠／摄

传递量，透气度可分为顺畅、可感、空畅、有阻力、阻塞五个等级。

1.6 整体外观

整体外观是对雪茄外
观质量的综合评价，主要
考虑雪茄的颜色、色泽均
匀度、形状与茄衣的契合
度、长度与环径的比例以
及不规则形状的自然度。
根据其对雪茄美学贡献的程

长城盛世五号　刘瑞楠／摄

度，整体外观分为协调、较协调、欠协调、不协调、不可想象五个等级。

2. 品吸感官指标及其感官影响

与雪茄国家标准GB 15269的第4部分《感官技术要求》中的色泽、香味、
杂气、刺激性、余味、灰度等指标类似，这些品吸感官指标对雪茄的评价
进行了更深入的关注和细化。基于消费者的感官体验，雪茄的品吸指标包

括点燃后透气度、燃烧均匀度、香气、浓度、味道、调配均匀度、烟灰灰度七项指标。

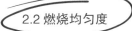

2.1 点燃后透气度

雪茄点燃后透气度直接影响雪茄烟气的传输速度和量，可分为顺畅、可感、空畅、有阻力、阻塞五个等级。

雪茄吸阻测试设备　刘瑞楠／摄

2.2 燃烧均匀度

雪茄燃烧均匀度是影响雪茄香气、味道和浓度是否一致的重要指标。它决定了啜口感受的均匀性，可分为均匀、较均匀、欠均匀、偏燃、不燃烧五个等级。

2.3 香气

香气是雪茄的重要品吸感官指标，也是最复杂的指标，包括香型、香韵、香气

雪茄燃烧程度对比图　刘瑞楠／摄

状态等方面。

香型：雪茄品吸时整体所表现的香气类型，并受雪茄味道、浓度贡献的关联影响，是多种香韵的综合组成，包括清甜型、甜熟型和熟甜型。

香韵：雪茄品吸时所能感受到的某种

雪茄客闻雪茄　陈升／摄

香气的韵调，包括坚果香、木香、焦甜香、清甜香、树脂香、皮革香、发酵香、干草香以及与雪茄烟草谐调的植物本草香等。

香气状态：雪茄品吸时，烟气中香气粒相在鼻腔中的表现状态，可描述为沉溢、悬浮、飘逸等。

根据香气的质和量，香气可分为复杂丰满、综合谐调、混合丰浓、自然充足、单一飘薄五个等级。

2.4 味道

味道是雪茄烟气中的颗粒物沉降到口腔味蕾时所产生的感受量和舒适程度，这是衡量雪茄品质的重要指标之一，涵盖了生津时带来酸甜味道、收敛的苦辣味道以及其他可明显感受的植物本草味道，如坚果味等。

根据其在口感中的愉悦程度和感受量，可分为舒适明显、较舒适可感、尚舒适可感、欠舒适明显、不舒适滞留五个等级。

2.5 浓度

雪茄的燃烧

雪茄浓度是衡量雪茄风味特性的主要指标，与雪茄消费者的地域口味和个人喜好相关。是否将其纳入评价体系，一直是雪茄设计评价和消费评价中具有争论的问题。研究人员更侧重于尊重消费者的意见，并接受中国主流的"醇味型"的消费习惯。根据其烟气在口感中的充斥程度，分为温和圆顺、中度浓郁、柔和飘逸、浓郁悬浮、浓烈沉降五个等级。

2.6 调配均匀度

调配均匀度是衡量雪茄香气、味道、浓度及啜口感受一致性的重要感官指标，也是雪茄设计和卷制工艺中备受关注的关键要素之一，可直接反映雪茄烟叶的发酵质量、烟叶摆放的合理性及均匀性，并作为雪茄消费者与雪茄设计制造者之间沟通的重要交集性指标。

根据调配均匀度的表现，可分为均匀、较均匀、尚均匀、欠均匀、不均匀五个等级。

2.7 烟灰灰度

烟灰灰度是雪茄品吸过程中燃烧均匀度、凝灰度与灰质的综合表现指标。在本感官评价体系中燃烧均匀度

雪茄风干晾晒车间　　　　　　　雪茄结构展示　刘瑞楠/摄

作为单独指标进行评估，而烟灰灰度则包括凝灰度和灰质等两个方面，它是衡量雪茄烟叶燃烧程度、发酵程度、混配位置是否得当的重要指标。

根据烟灰的凝灰紧密程度和灰色的美观度，可分为紧密白色、较紧密灰白、欠紧密色灰、发散色灰、发散灰黑五个等级，也可以将凝灰程度与灰色特征相结合，综合评定为相应的五个等级。

邵奕 / 摄

3. 消费因素轮廓的雪茄感官质量评价指标的量化

基于消费因素轮廓的雪茄感官质量评价体系，涵盖了雪茄的外观物理质量指标和品吸感官指标两大方面。外观物理质量指标包括五项：茄衣色泽均匀度、茄衣卷制绷紧度、茄芯均匀度、点燃前透气度以及整体外观。品吸感官指标则包括七项：点燃后透气度、燃烧均匀度、香气、浓度、味道、调配均匀度以及烟灰灰度。本评价方法采用百分制，并根据雪茄客的嗜好以及物理外观和感官指标对质量评价的直接影响程度，将外观物理及燃吸感官质量指标进行"二八原则"分配，即外观物理质量 20 分、品吸感官质量 80 分，并以子项细化设计。

3.1 外观质量指标的量化

3.1.1 茄衣色泽均匀度的量化评分标准（表 1）及规则

表 1　茄衣色泽均匀度量化表

定性描述	均匀一致	较均匀一致	一般	欠均匀一致	不均匀一致
定量	5.0	4.0	3.0	2.0	1.0

茄衣色泽均匀度满分 5 分，根据雪茄茄衣色泽实际质量与标准符合程度进行评分，评分以 0.5 分为单位，严重不均匀一致的可低至 0 分。

3.1.2 茄衣卷制绷紧度的量化评分标准（表 2）及规则

表 2　茄衣绷紧度量化表

定性描述	自然	紧平	紧皱	松弛	脱落
定量	5.0	4.0	3.0	2.0	1.0

茄衣绷紧度满分 5 分，根据雪茄茄衣绷紧实际质量与标准符合程度进行评分，评分以 0.5 分为单位，脱落严重可低至 0 分。

3.1.3 茄芯均匀度的量化评分标准（表 3）及规则

表 3　茄芯均匀度量化表

定性描述	自然	均密	紧实	松散	空松
定量	5.0	4.0	3.0	2.0	1.0

茄芯均匀度满分 5 分，根据雪茄茄芯实际均匀质量与标准符合程度进行评分，评分以 0.5 分为单位，严重空松可低至 0 分。

3.1.4 点燃前透气度的量化评分标准（表4）及规则

表4　点燃前透气度量化表

定性描述	顺畅	可感	空畅	有阻力	阻塞
定量	5.0	4.0	3.0	2.0	1.0

点燃前透气度满分5分，根据雪茄点燃前透气的实际质量与标准符合程度进行评分，评分以0.5分为单位，阻塞严重可低至0分。

3.1.5 整体外观的量化评分标准（表5）及规则

表5　整体外观量化表

定性描述	协调	较协调	欠协调	不协调	不可想象
定量	5.0	4.0	3.0	2.0	1.0

整体外观满分5分，根据整体外观实际质量与标准符合程度进行评分，评分以0.5分为单位，不可想象可低至0分。

3.2 品吸感官指标的量化

3.2.1 点燃后透气度的量化评分标准（表6）及规则

表6　点燃后透气度量化表

定性描述	顺畅	可感	空畅	有阻力	阻塞
定量	5.0	4.0	3.0	2.0	1.0

点燃后透气度满分5分，根据雪茄品吸时透气度的实际质量与标准符合程度进行评分，评分以0.5分为单位，严重阻塞可低至0分。

3.2.2 燃烧均匀度的量化评分标准（表7）及规则

表7 燃烧均匀度量化表

定性描述	均匀	较均匀	欠均匀	偏燃	不燃烧
定量	10.0	8.0	6.0	4.0	2.0

燃烧均匀度满分10分，根据雪茄品吸时燃烧均匀程度的实际质量与标准符合程度进行评分，评分以0.5分为单位，不燃烧的可低至0分。

3.2.3 香气的量化评分标准（表8）及规则

表8 香气量化表

定性描述	复杂丰满	综合谐调	混合丰浓	自然充足	单一飘薄
定量	20.0	16.0	12.0	8.0	4.0

香气满分20分，根据雪茄品吸时雪茄香气的实际质量与标准符合程度进行评分，评分以0.5分为单位，不具备雪茄特征香气可低至0分。

3.2.4 味道的量化评分标准（表9）及规则

表9 味道量化表

定性描述	舒适明显	较舒适可感	尚舒适可感	欠舒适明显	不舒适滞留
定量	20.0	16.0	12.0	8.0	4.0

味道满分20分，根据雪茄品吸时雪茄味道的实际质量与标准符合程度进行评分，评分以0.5分为单位，滞涩并停留时间较长可低至0分。

3.2.5 浓度的量化评分标准（表 10）及规则

表 10 浓度量化表

定性描述	温和圆顺	中度浓郁	柔和飘逸	浓郁悬浮	浓烈沉降
定量	10.0	8.0	6.0	4.0	2.0

浓度满分 10 分，根据雪茄品吸时雪茄浓度的实际质量与标准符合程度进行评分，评分以 0.5 分为单位，浓烈呛刺的可低至 0 分。

3.2.6 调配均匀度的量化评分标准（表 11）及规则

表 11 调配均匀度量化表

定性描述	均匀	较均匀	尚均匀	欠均匀	不均匀
定量	10.0	8.0	6.0	4.0	2.0

调配均匀度满分 10 分，根据雪茄品吸时雪茄味道的实际质量与标准符合程度进行评分，评分以 0.5 分为单位，严重不均匀可低至 0 分。

3.2.7 烟灰灰度的量化评分标准（表 12）及规则

表 12 烟灰灰度量化表

定性描述	紧密白色	较紧密灰白	欠紧密色灰	发散色灰	发散灰黑
定量	5.0	4.0	3.0	2.0	1.0

烟灰灰度满分 5 分，根据雪茄品吸时烟灰灰度的实际质量与标准符合程度进行评分，评分以 0.5 分为单位，飞灰、黑灰可低至 0 分。

3.3 基于消费因素的雪茄感官质量评价及轮廓图

基于消费因素的雪茄感官质量评价轮廓图（蛛网图）如下。

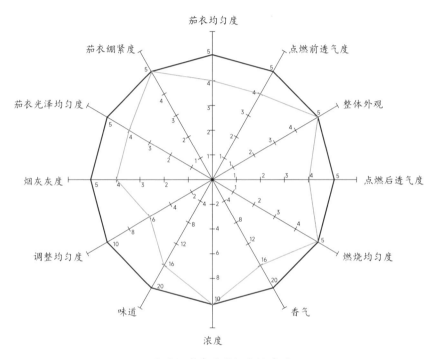

雪茄烟感官质量评价轮廓图

根据雪茄外观物理特性和品吸感官质量指标，用上述定性量化指标对雪茄进行质量表现评分，计算总分或连线表现值点，量化其与需求值的契合程度，质量评估结果如下。

（1）90 分以上或契合程度 90% 以上：一支优质的雪茄；雪茄质量过程稳定运行，应当保持。

雪茄持灰展示图　陈丹／摄

（2）85～90分或契合程度85%～90%：一支需求较高的雪茄；雪茄质量过程基本稳定，状态稳定。

（3）80～85分或契合程度80%～85%：一支很好的雪茄；雪茄质量过程控制一般，有产生不良质量问题的风险。

（4）70～80分或契合程度70%～80%：一支一般的雪茄；雪茄质量过程出现较多不良问题，必须停产整顿以改进质量控制。

（5）70分以下或契合程度70%以下：一支偶尔吸食的雪茄；过程质量实现程度不可接受，产品必须重新设计。

雪茄植株　孙明明／摄

精致配件是不可或缺的行头

收藏级漆艺雪茄保湿盒

众所周知，雪茄不论是在原料、工艺，还是文化、抽吸方式等方面都有别于卷烟，品鉴雪茄可以说是一种奢侈的感官感受过程，在这个过程中不仅需要遵循适宜而周到的礼仪，也需要配备精致的雪茄配件。

随着中式雪茄原料种植、卷制工艺、发酵技术、包装设计、营销推广水平等不断地提升，中式雪茄品牌与文化已经赢得了众多雪茄客的喜爱与追捧。雪茄客们在感受雪茄的同时，雪茄配件的选择和使用也成为一种风尚。要展现雪茄礼仪、实现科

雪茄烟具

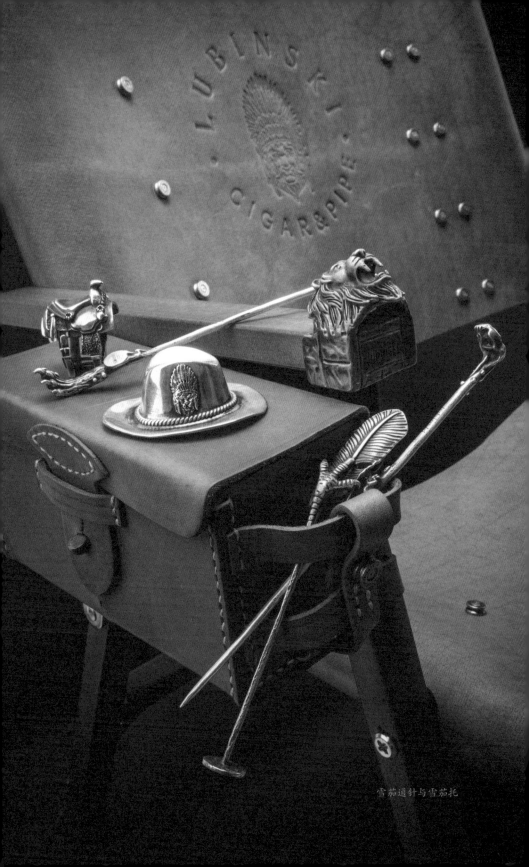

雪茄通针与雪茄托

学使用以及营造文化氛围，都离
不开合适的场景和配件来实现。
这也体现了雪茄爱好者对雪茄文
化和雪茄生活方式的热爱。

雪茄与其专用配件相辅相成，
高品质的配件能让茄客更好地感
受雪茄独特的魅力，在保障雪茄
本身品质卓越的同时，养护、剪切、
点燃和运输方式也与雪茄息息相关，

雪茄皮套

这使得雪茄与雪茄配件有着密不可分的关系。

最能体现雪茄仪式感的可能是剪切和点燃，许多人会使用一把
不错的雪茄剪和一个优质的打火机，而对于烟缸却常常很随意。事实

雪茄吧的一角　陈升／摄

上，专用的雪茄烟缸在品鉴雪茄的过程中，宛如一位优雅的伴侣，不仅为茄灰提供了一个专属的栖息之地，更添了几分品鉴的仪式感。它静静地承载着雪茄的遗骸，仿佛在茄灰的轻舞中，我们也能感受到每一次呼吸的韵律，心灵也随之找到了宁静的港湾。

雪茄的剪切

雪茄剪切的方式有很多种，最常见的是剪平口、钻孔、开 V 字口、开十字口、插小口等，不同的开口方式对雪茄口味和口感影响非常微小！

雪茄与喷枪

雪茄三合一雪茄剪

雪茄的点燃

点燃一支雪茄也是需要技巧的，使用单火头火机点燃雪茄最容易掌控，而多火头或聚火设计的火机能更快地点燃雪茄，但要掌握好火机的角度和与雪茄的距离，以避免茄衣烧偏而影响口感。

雪茄的熄灭

雪茄的熄灭方式，是雪茄客赋予它的最后一份尊重。雪茄烟灰缸，不仅是实用品，更是艺术品，材质多样，设计精巧。如今，更有适用于烟斗和雪茄的双用烟缸，以及单槽、多槽等多种款式，满足雪茄客不同场合

的需求。而雪茄配件的世界远不止于此，还有雪茄修补液、通针、保湿包、保湿袋，以及湿度计和温度计等，一应俱全。

雪茄烟缸

为了充分感受雪茄的美妙，每一位雪茄客都愿意接受那些雪茄礼仪的"束缚"，当然，雪茄也为生活带来了"美妙仪式感"，这是一份优雅，也是一种高贵，而精致的配件则是每一位雪茄客手中最亮眼的点缀。

早期的雪茄铡刀

雕花桃花芯木雪茄保湿盒

按压式雪茄刀

雪茄烟缸

纯银雪茄便携盒

马戏团造型雪茄便携盒

雪茄打孔器手链

镀金雪茄保湿盒

邵突 / 摄

07

中式雪茄

资深玩家品鉴心得

杨凯而谈雪茄客印象

每个人或多或少都有所好，有所嗜，有所癖，但在形式上却千差万别，有的会公示于大众，有的则是私藏心底，有的只能一人独享，有的则需众人同乐。例如，喜欢收藏古董，不可能每天携带示人；喜欢打高尔夫，不能时刻背着球包；喜欢钓鱼，更不能总架着鱼竿出门。而雪茄客，则带着明显的嗜好标签，因为手与口是人视觉上最易被关注的地方，这种喜好无法掩盖和隐藏，除非你从不在

孙明明 / 摄

别人面前抽雪茄。因此，雪茄客经常会给人留下很深的印象，且他们的风格各异，独具特色。在此需强调的是，风格之差并无好坏褒贬之分，只是所处过程和阶段的不同表现而已。

其实，"雪茄客"是一个涵盖广泛、多元化的概念，并非所有抽雪茄的人都抱有相同的初衷和心态，有些甚至大相径庭。比如，古巴种植烟叶的烟农，他们生活在烟田里，抽雪茄就像日常喝咖啡一样，

陈井 / 摄

虽重要但也不必要，抽与不抽完全随性，在这种心态下，他们抽雪茄的方式给人留下的印象是：无刻意品鉴，无好坏之分，无过多关注，无所谓态度，只是悠然自得，随心所欲地体验那一刻。雪茄在他们手中既无霸气之感又无沉稳之态，甚至稍不注意都会忽视他在抽雪茄。

与这种情况相似的还有古巴的卷烟师，由于工作原因，他们每日与雪茄为伴，边卷制边品吸成了常态，而且还能免费享用。对他们而言，这更多的是"近水楼台"的便利。在这种心态下，他们抽雪茄显得极为自然，没有丝毫的扭捏、造作或炫耀，只是在忙碌间隙，抽支烟来解乏提神。

接下来是从事雪茄销售工作的雪茄爱好者，他们不断尝试来自不同国家和地区的各种雪茄，积累了丰富的雪茄知识和经验。这些雪茄客以一种探索和研究的心态来品味雪茄，总是不断地进行总结与对比，脑海中清晰地区分着不同品牌和型号的特点。在这种心态的驱使下，他们抽雪茄时展现出一种严谨而专注的风格，常常在品味的同时陷入沉思，或是与朋友热烈讨论相关的话题，分享彼此的见解和心得。

对于刚入门的雪茄客，一支雪茄更像是一块烫手的山芋，无论怎么拿捏都感觉别扭，夹在指间的雪茄会让全身的动作都不自然，抽吸时也会不协调，要么因抽得频率太快而烫嘴；

长城狮牌加勒比阳光　陈丹／摄

要么抽吸频率太慢导致烟熄灭；要么聊天时不自觉地忘了手里的烟，待发现时它已熄灭；要么过分紧张，时刻盯着雪茄，生怕它熄灭。没有对雪茄抽吸节奏的驾驭感，很容易被雪茄燃烧的变化扰乱心境，显得人与烟格格不入，仿佛是突然穿上别人的衣服那般不自在。在这种状态下，抽雪茄所表现出来的是一种不自然的姿态，略带少许怕被人看穿是入门者的惶恐，越想掩饰这种不安，就越会显得难以驾驭手中的雪茄。

对于拥有多年烟龄的老雪茄客而言，雪茄在手、心却无碍，他们能够自如地处理各项事务或沉浸于思考之中，雪茄的存在丝毫不会扰乱他们的思绪或行动。

每当需要时，几乎是出于本能反应，他们便会将雪茄送入唇边，

雪茄横截面　陈丹／摄

绝不会让烟火熄灭。老雪茄客的最大特质，便是在似乎完全忘却自己正在抽雪茄的同时，却能自然而然地完成整个抽烟过程，这是对雪茄驾驭能力的极致体现，宛如经验丰富的老司机，在深思熟虑间已将车稳稳驶达目的地，却仿佛未曾意识到自己在驾驶。通常，老雪茄客多为脑力劳动者，抽雪茄不仅是为了满足社交场合的需求，更多时候是为了寻求精神上的放松与陪伴。在这样的心态下，他们所展现出的，是一种放松、闲适的状态。

　　每一位雪茄客手持雪茄，给人的印象都不一样，风格迥异并非因为那支雪茄，而是由持茄者的内在心态与外在表现共同塑造的。

王亚娟素描"雪茄客"

第一次近距离地接触茄客，是在 10 年前，我跟先生在鼓浪屿度假，当我们结束在岛上的闲逛，返回所住的民宿时，遇到一对年轻人邀请我们一起喝红酒、撸串，一开始我们以为他们是民宿的主人，了解后才知道，小伙子带着女朋友也是来度假的。老公拿出随身携带的雪茄跟小伙儿分享，小伙儿开心地炫耀起自己对雪茄的了解。从如何剪茄帽，到点雪茄，再到如何品雪茄，甚至从雪茄的燃烧差异判断雪茄客的真伪等，他都讲得头头是道。话题渐渐从雪茄延伸到了红酒，再谈及他对未来的美好憧憬。那晚，

我们数着天上的星星，闻着夏夜里青草香与雪茄的馥郁，听着远处的虫鸣，享受着脱离樊笼复返自然的惬意。

2018 年，我应邀从美国归国，为乐茄商学院的学员们讲授关于服务意识方面的课程。出发前，我内心是忐忑的，因为我喜欢讲课前，先了解听众，但这次，无论是中国雪茄还是茄客群体，网络上的信息寥寥无几，仿佛这是一个隐秘而封闭的小圈子。带着好奇和紧张，我到了什邡，走进了茄香袅袅的课堂。令我诧异的是，课堂上有男有女，大家都正襟危坐，比我经历过的任何课堂，都要严肃和认真。破冰环节，我就讲了我在鼓浪屿的经历，大家一下子找到了共鸣，以至于后来我在分享服务这个主题的过程中，感受到了所有人对做好服务的热情。接下来的三天，我作为特邀评委，参与了侍茄师的考核，夜晚则与学员们围坐一堂，共品佳酿，共享雪茄的醇厚。这次难得的经历，不仅让我对中国茄客这个人群有了深入的接触和认识，也让我成为雪茄文化的爱好者和传播者。因此，我很想谈谈自己对中国茄客的认知，希望能对渴望接近雪茄的人们有所助益。

低调

富有是我对茄客最浅层的印象。我记得初次进侍茄师培训班的时候，差点被浓烈的雪茄烟雾熏出来，但我还是强忍着不适走进教室，其中一位学员说，"老师、别怕，此刻教室里弥漫的茄香，比世间最昂贵的香水还要诱人。"听了这话，我想象着走出教室身上带着好闻的烟草本香，确实是独一无二的，就和我们平时熏香的道理一样，也就不那么难以忍受了。手工卷制的雪茄，价格比机制的香烟要贵不少，如果按照一位茄客的正常消耗量来计算，茄客每年的雪茄消费无疑是一笔不小的开支。茄客圈流传着一个说法：如果一位茄客戒了雪茄，一定不是因为健康问题，而是因为经济不允许了。我所接触的茄客们，他们往往拥有广泛而多彩的朋友圈，但与其他喜欢炫耀财富的人不同，茄客一般都比较低调，他们炫耀的不是身上的名牌服饰，而是他们所收藏或者品吸过的雪茄，这也是他们虽然已经是雪茄品牌的经营者，仍然愿意参加商学院组织的学习和交流活动的原因之一。

上进

我所接触到的茄客，年龄在35岁左右，他们大多有海外教育背景，因此，他们不会通过堆砌名牌来显示富有。他们大都拥有自己的事业，可能涉及红酒、咖啡或烟具等领域，雪茄是他们的爱好，也是事业的一部分。在一次晚间聚会上，我注意到一位年轻的茄客，他在喧嚣的人群中显得格外沉稳。别人告诉我，他的家族是国内咖啡行业里的龙头，出于对咖啡的热爱，他引起了我的注意，小伙子长得很精神，身材保持得很好，应该是长期健身的结果，穿着时尚但不追随潮流，谈起咖啡来头头是道，而谈到雪茄时则要谦虚得多，他表示，接触雪茄后产生了兴趣，前来系统地学习雪茄知识，而不是为了取得证书。跟其他雪茄经营者不同，他是为了开阔视野和丰富阅历，因此在学习过程中显得很放松。与这些茄客相处时，我发现他们虽然身价不菲，但绝不张扬，对我这个圈外人也非常尊重。真正让我感受到他们的财富和能量，是在一次我邀请他们到我的学校与学生们交流时。面对阔别已久的大学校园和一群没有利益关系的大学生，他们用数字和经历来证明自己，也让我看到了他们的另一面，那就是渴望被认可，实现自己的社会价值。

矛盾

雪茄在国人眼中是舶来品，一提到雪茄，大多数人脑海中浮现出的词汇是：古巴、丘吉尔、商务、大腹便便和洋酒等。我们更多是在影视剧里看到商界和政界大佬们吸着雪茄，运筹帷幄。事实上，我接触到的茄客身上充满了矛盾。在中国，要买到高品质的进口雪茄，需要有很强的实力和资源，因为身处中国，他们希望推广中式雪茄，期待民族品牌的强大。因此，他们会努力寻找一种平衡，既收藏国外的雪茄，又经营和推销中式雪

陈丹/摄

茄，虽然通过雪茄他们领略到西方文化的韵味，但他们仍然深深根植在中国文化的土壤中。这些茄客在为雪茄寻找合理性，试图说服自己和身边的人，同时也常常迷惑，什么才算真正懂雪茄。因此，在与圈内人交流时，他们往往小心翼翼，生怕露出破绽。有时候，我觉得他们是精明的生意人，有时候又觉得他们是纯粹的文化人。这种矛盾也让我对他们产生了小小的困惑，但正是这种矛盾和困惑，激发了我进一步了解他们的兴趣。

我迷恋雪茄燃烧时雪白的灰烬散发的独特香味，我喜欢看茄客们潇洒利落地剪掉茄帽，点燃雪茄送到嘴边，用力吮吸的瞬间；我更喜欢观察茄客们手持雪茄，侃侃而谈时，脸上的自信和张扬。如果没有这样的一群人，这个世界好像少了很多的精彩和故事，我希望能有更多的机会，去了解他们，去倾听他们，一起去书写属于雪茄和他们的生活。

韦祖松论茄客精神

雪茄，对许多的人来说，是那样的可望而不可及，显得异常神秘。一旦尝试，大多数人对它又是那么的迷恋。人们在品味雪茄时，寻求的已不仅仅是雪茄本身的物质属性，而是将其视为精神和心灵的寄托。雪茄不仅是烟草制品，它更代表着一种生活方式，一种至纯的时尚体验，一种感悟世界的途径……在纷繁喧闹的商业世界里，它赋予人们一种仪式感。

雪茄的这种魅力并非雪茄本身所固有的，而是品鉴者表现出的"自信、淡定、坚毅、沉稳"的特质，这些特质投射在雪茄上，形成了一种光环。实际上，雪茄的精神就是享用者的精神，只不过被寄托在雪茄身上。雪茄精神很大程度是雪茄客身上所展露出的特质和气场。

成熟稳重

雪茄之所以被尊为奢侈品，不单单是指雪茄的价钱昂贵，更在于品吸它所需的那份宁静时光与专属空间。因为品鉴一支雪茄至少需要半个小时的闲暇时间，而且伴随着一系列繁琐而复杂的礼仪。正是这种繁琐的礼仪促使雪茄客放下日常事务、放松内心的压力、排解心中的纠结、缓解紧张的情绪，进而达到心境平和，回归真我。这一过程逐渐磨砺了雪茄客的性格，使他们告别了急躁与轻率，日益成熟稳重。鲜少见有雪茄客毛手毛脚、遇事慌张、手足无措之状，相反，资深的雪茄客通常给人以自信满满、气定神闲、宠辱不惊、胸有成竹的印象。

达观积极

生活中，每个人面对社会、面对人生，都会遇到烦恼和痛苦，关键是以什么样的心态对待这些不愉快、烦恼，甚至痛苦。以积极的心态去面对，烦恼则不会永远成为烦恼，以消极的态度去对待，那么烦恼与痛苦便会如影随形，难以摆脱。资深雪茄客，凭借其深厚的生活阅历和底蕴，总是能以豁达、积极的心态去拥抱生活。他们的心胸宽广，往往只需一支雪茄，便能沉浸在"物我两忘"的宁静之中。正如大仲马在其经典之作《三个火枪手》中所言："人生是一串由无数小烦恼组成的念珠，达观的人是笑着数完这串念珠的。"雪茄客，正是这样一群笑对人生的典型代表。

慎思禅悟

品吸雪茄的时光，也是雪茄客静思的时光，点燃一支中等规格的雪茄，就会给茄客近一个小时的静修时间。对雪茄客而言"这是一段停顿的时光"。此时，雪茄让我们思想集中，心境平和，免于外界干扰，寻求思想世界的平衡。当遇到困惑、纠结，对问题百思不得其解时，点燃一支雪茄，远离喧闹烦扰的世界，在宁静独处和雪茄烟雾中隔绝一切扰乱心智的外在因素，升华自我智慧，走出心的困境。往往就在这时，灵感突现，心结豁然开朗，似有参透人生、悟透世界之感。此时的雪茄犹如禅，融入灵魂，激发着智慧的光芒。它悄然改变着我们的性格、行为模式、思维方式，乃至整个生活的态度。这是禅的魅力，也是雪茄哲学所蕴含的深邃智慧。中国自古有"禅茶一味"之说，禅茄何尝不也是一味呢。

雅致丰厚

对于资深雪茄客而言，品吸一支雪茄，不仅要掌握挑选、点燃、配饮、品鉴及养护等精湛技巧，更需具备深厚的涵养与智慧。只有历练丰富的人才能自由驾驭手中那支粗壮的雪茄。资深雪茄客的养成，需要经历一个漫长而严格的自我修炼过程，在这一过程中，雪茄礼仪的严谨，逐渐驯化了人们的狂放不羁，塑造出一种独特的生活方式与修养。所以雪茄客们常说："一个男人只有修炼到一定的人生境界，才能驾驭好他手中那支粗壮有力的雪茄。"

坚韧刚强

真正的雪茄爱好者，特别是资深雪茄客，大多是成功人士或业界精英。因为这一精致生活方式的坚持与品位，往往需要相应的经济基础作为支撑。这些人的共同特点是具有坚韧不拔的毅力和奋斗不懈的精神，他们的刚毅和从不妥协的精神与雪茄精神文化和气质不谋而合。而且这种茄客精神会一代影响一代。

共享慷慨

雪茄客往往都不会是小气之人，多为慷慨之辈。对于收藏多年的老茄，遇到志同道合者，多会慷慨赠与。雪茄是社交圈的圣物，茄友相遇，便有聊不完的共同话题，女性茄客尤甚。知名雪茄客、世界超模琳达·伊万格丽斯塔曾分享过品享雪茄时的感受："当你感到焦躁不安，渴望寻找某种方式来排解内心的烦闷时，点燃一支雪茄，那种美妙的感觉便会油然而生。而若此刻身边能有一位可以倾诉的朋友，那更是锦上添花。"正是雪茄的这种分享和共享快乐造就了雪茄客的慷慨特质。

所以，我所理解的"茄客精神"，是成熟稳重、慎思禅悟的体现。它如同在纷繁复杂的世界中寻得的一片灵魂安宁，让智慧得以升华。同时，"茄客精神"也代表着雅致丰厚、坚韧刚毅与慷慨共享的品质。它是经过长时间的自我修炼，开启的一种全新的生活方式。

当然，雪茄在几个世纪以来所沉淀下来的、以及让雪茄客历练出的特质，远不止于此。上个世纪初，美国某医学杂志对 600 名雪茄客品吸雪茄的目的进行调查的结果是：

65% 的人借助雪茄进行交流和思考；

60% 的人被雪茄的醇香味道所吸引；

50% 的人为了放松身心；

50% 的人为了使自己受到鼓舞；

45% 的人通过雪茄来平静自己的思绪；

30% 的人为了分散自己的注意力；

25% 的人为了让自己处于一个逍遥忘我的境界；

25% 的人为了享受雪茄留在口齿间的愉悦感；

10% 的人喜欢雪茄握在手中的感觉；

5% 的人纯粹是为了享受雪茄的苦涩口感。

不同雪茄客品吸雪茄的目的和获得的体验是不同的，因此，在雪茄中沉淀的精神也必然有所差异。所相同的是，雪茄客品吸雪茄不仅仅是专注于雪茄这一自然物质本身，更重要的是在雪茄载体中寄托某种文化。

08

中式雪茄

产品介绍

四川中烟——长城雪茄

　　"长城雪茄"是中国最为悠久的国产雪茄品牌之一，创牌于 20 世纪 50 年代末期。其前身可追溯至 1918 年成立的益川工业社，标志着中式雪茄开启规模化生产、品牌化经营的开端。1964 年，当时的四川什邡卷烟厂（现为四川中烟长城雪茄烟厂，原川渝中烟长城雪茄烟厂）为中央领导卷制特供雪茄，至今还流传着一段关于以特供烟号"132"命名的雪茄秘史。自品牌创立以来，它始终致力于国产雪茄风格的技术探索，形成了独具特色的四川雪茄核心工艺与处理技术体系，并在不断地传承和创新中与国际接轨。

　　长城雪茄，2005 年被评为"中国雪茄最具影响力品牌"，2009 年获"亚洲最具影响力雪茄品牌"，2015 年获"中国最知名雪茄品牌"，2017 年上榜国际权威雪茄杂志《Cigar Journal》，2018 年长城雪茄入选外交部日常外事礼品清单及驻外使领馆物资采购目录。如今，长城雪茄作为四川中烟的中高端雪茄品牌，以手工雪茄和手卷雪茄为主，依托四川中烟最优质的原料和世界领先的配方，秉承传统贡烟的雪茄卷制工艺，不仅为消费者提供多样的产品选择，更致力于带来顶级的雪茄消费体验和品吸享受。

长城雪茄以其独特的品类风格、精湛的工艺技术以及众多杰出的卷制人才而著称。品牌从中国雪茄消费者的实际需求出发，融合全球雪茄技术的精华配方，成功打造出具有"醇甜香"特色的中式雪茄新品类，持续探索中式雪茄的独特发展路径。其三大烟叶发酵技术——地窖发酵、132 秘制发酵和木桶发酵——均为品牌独创的工艺；而两大配方体系——富含中国特色的"传统配方"与更加国际化的"国际配方"——则为产品增添了更为丰富的层次与内涵。此外，从早期的"132 小组"成员黄炳福等第一代国宝级卷制大师，到刘浩、李秋月、刘长勇、刘万春（并称"浩月长春"）等新一代卷制大师，他们优秀的卷制技艺薪火相传，人才辈出，足以比肩世界一流。

来自不同地域的雪茄，都有其各自独特的风格。全球雪茄爱好者对长城雪茄评价极高，认为其"产品卷制质量、产品调配和创新能力，已然是世界一流水平""茄衣色泽一致，支支抽吸顺畅，即使是古巴雪茄也难以完全做到""口感醇、甜、润、绵，更适合中国人口味"。在国产雪茄品牌中，长城雪茄在销量、销售额以及市场份额上均处于领先地位，品牌影响力持续攀升，正引领越来越多的人发现并爱上中国雪茄的独特韵味。

中式雪茄品鉴 THE GUIDE OF CHINESE CIGAR TASTING

◎ 长城——G 系列——GL·1号

型号：

双皇冠（Double Corona）

规格：

长度 194mm，环径 48

包装：

5 支木盒装

风味特征： 茄芯采用了古巴、多米尼加和国产什邡烟叶，茄套和茄衣原料均来自多米尼加。前段有明显的花香、甘草香和坚果香；中段和后段呈现木香、焦糖香和皮革香。口感柔顺醇和，层次感强，余味悠长，香气饱满丰富。

◎ 长城——G 系列——长城（胜利）

型号：

公牛（Toro）

规格：

长度 152mm，环径 53

包装：

10 支木盒装

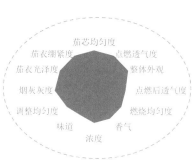

风味特征： 香气丰富度和浓郁度较为明显。前段开始有明显浓郁的烤甜香、木香，中后段烤甜香和坚果香气混合，咖啡香和草香气伴随其间，整支雪茄的香气层次丰富。总体来说，长城（胜利）是一款香气浓郁且丰富的高端国产雪茄。

◎ 长城——国礼系列——GL3 号

型号：

马尾长辫款

规格：

长度 156mm，环径 54

包装：

10 支木盒包装

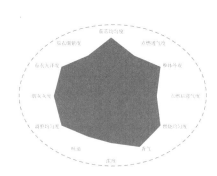

风味特征： 精选什邡"德雪"品种优质烟叶，与尼加拉瓜、多米尼加原料混合调配。通过低温发酵、分段式发酵和"132 秘制发酵法"对原料进行醇化，赋予了雪茄独有的香气和口感。主线有明显的雪松木香，伴着坚果、豆香的醇和香味，给人一种细腻顺滑的感觉，丝丝入扣。雪松木香气与雪茄相互交融、浸润，历久弥香，口感醇度达到巅峰，抽吸品质堪称完美。

◎ 长城——国礼系列——GJ5 号

型号：

长矛（Lancero）

规格：

长度 190mm，环径 38

包装：

10 支木盒装

风味特征：GJ5 号内外兼修，堪称典范。包装选取江南独有的雅致景致作为设计元素，融入精美的烫金印刷工艺，与茄身高雅品质相互映衬，相得益彰。由刘万春大师运用独创的"春派长芯动态配伍法"制成，茄身纤细修长、雍容华贵。品味 GJ5 号，层次分明，木香、焦糖甜、脂粉与奶香交织成一曲大自然的颂歌。尾段，咖啡与可可香气回荡，可谓大师级"长矛"雪茄的典范之作。它曾在国际权威杂志上获 92 高分，深受文人墨客喜爱。

◎长城——G 系列——GJ6 号

型号：

所罗门（Salomon）

规格：

长度 184mm，环径 57

包装：

10 支木盒装

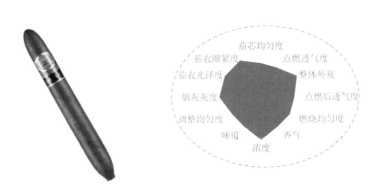

风味特征：整支雪茄原料精选多米尼加三年以上醇化烟叶，成品经过长达 12 个月的专业雪茄房养护。以辛香和胡椒的韵味开始，中段伴随着蜂蜜和巧克力的香甜，后段有着雪松木的清香与意式咖啡可可豆的香浓。

◎ 长城——G 系列——长城生肖

型号：

双皇冠（Double Corona）

规格：

长度 135mm，环径 53

包装：

10 支木盒装

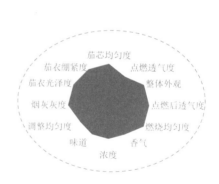

风味特征：茄芯采用巴西、多米尼加进口优质原料烟叶，茄套采用的是中国产区培植的烟叶，口感醇和，余味干净舒适。主线香型有甜香、豆香、烤甜香和可可香。本产品将中国生肖文化与雪茄文化完美融合，极具纪念属性和收藏价值。

◎ 长城——国际系列——揽胜 3 号

型号：

罗布图（Robusto）

规格：

长度 124mm，环径 50

包装：

10 支纸盒装

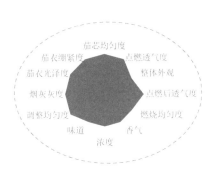

风味特征：口感温润舒喉、生津回甜，浓度适中，是雪茄爱好者日常享用的佳品。其主线风味融合了花香、清甜香与奶香，还伴有木质香的韵味，香气均衡协调，细腻而纯净。

◎ 长城——国际系列——揽胜1号

型号：

公牛（Toro）

规格：

长度150mm，环径52

包装：

10支纸盒装

风味特征： 此雪茄以自然的炒豆香气开启风味之旅，伴随而来的是经久不散的橡木气息。多国烟叶的平衡搭配，带来醇厚的烤面包香气，中段甜度渐浓，随着燃烧的推进逐渐转化为诱人的焦糖风味。香气聚集，层次丰富且浓郁厚重，略带辛辣的口感给人留下悠长的回味。

◎ 长城——国际系列——长城（唯佳金字塔）

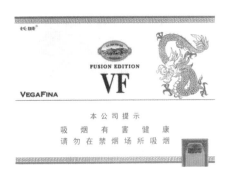

型号：

鱼雷（Pyramid）

规格：

长度 152mm，环径 52

包装：

10 支木盒装

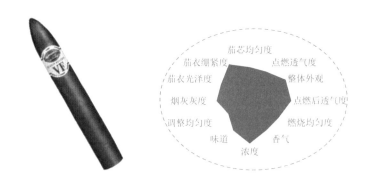

风味特征： 甜味贯穿其主线风格，可品味到清新的雪松香气、细腻的坚果香和微微的果酸香，还融合了烤甜以及木香，醇厚干净。

◎ 长城——132 系列——132 秘制

型号：

宾利（Panatela）

规格：

长度 110mm，环径 37

包装：

10 支木盒装

风味特征：采用优质进口烟叶和国产烟叶调制而成，132 秘制雪茄的独特配方，搭配全新的工艺技术使整支雪茄饱含桂花香、木香，以及清甜香，风味温和，香气清甜醇香，口感丰富，且余味悠长。

◎ 长城——132 系列——传奇 1 号

型号：

鱼雷（Torpedo）

规格：

长度 105mm，环径 57

包装：

5 支铝管木盒装

风味特征：采用国内外混合原料调制，主线具有明显的木香、花香和坚果香，香气自然纯正，口感温和回甜，柔润流畅，余味纯净。

◎ 长城——132 系列——传奇 3 号

型号：

　　丘吉尔（Churchill）

规格：

　　长度 178mm，环径 47

包装：

　　5 支铝管木盒装

　　风味特征： 采用"可那罗"顶级茄衣，配以进口印度尼西亚茄套，精选优质茄芯烟叶调配。茄芯烟叶历经两年以上橡木桶醇化，淡淡的橡木香气与烟草本香完美融合，嗅香自然舒适，吃味温和回甘，是一支平衡优秀的雪茄。

◎ 长城——132 系列——132 奇迹

型号：

宽丘（Widea Churchill）

规格：

长度 130mm，环径 55

包装：

10 支纸盒装

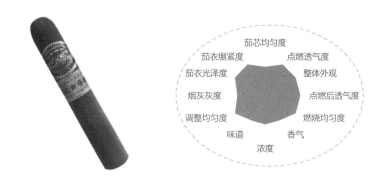

风味特征：精选中国什邡、多米尼加、巴西等优质产区烟叶，采用独有原创烟叶发酵技术——132 秘制发酵法，由李秋月大师为首的"月"派团队匠心卷制，使得这款雪茄醇甜绵润，支支精良。入口有浓郁的雪松木香气，伴随着烤甜香以及咖啡豆的醇厚口感，余味中带有坚果的油脂香。烟气细腻感飘然而至，令人感到十分的舒适，而焦糖香则丰富了整支雪茄的风味层次。

◎ 长城——132 系列——132 记忆

型号：

　　罗布图（Robusto）

规格：

　　长度 124mm，环径 50

包装：

　　25 支纸盒装

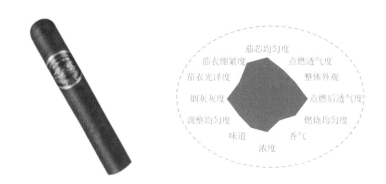

　　风味特征： 真正体现了"132"小组的精湛技艺：巧妙融合"川味"发酵精髓，包括川酒发酵、川茶熏蒸及川产植物精华提取等传统工艺，并采用手工束叶卷制技法，结合橡木桶发酵工艺，使每支雪茄香气得到最大化释放。前段木香清晰宜人，中段木质香辅以豆蔻与坚果风味，后段整体浓度持续升高，余味焦糖甜香愈发诱人。

◎ 长城——132 系列——红色 132

型号：

半皇冠（Petit Corona）

规格：

长度 90mm，环径 43

包装：

5 支铁盒装

风味特征：采用国内外优质烟叶调制，以烟草本香为主线风味，带有明显的木香和清甜香，香气淡雅，回味干净舒适。

◎ 长城——132 系列——132 益川老坊

型号：

亥猪

规格：

长度 118mm，环径 56

包装：

5 支纸盒装，一条 25 支

风味特征：该品采用窖藏醇化 3 年的烟叶。雪茄的盒型设计十分独特，采用 5 支装小盒，搭配方形条盒，兼具功能性与便携性，满足不同消费场景需求。这款雪茄定位为"中式经典"，运用月派独有的专利卷制技术，茄帽采用盘辫式，为国产首创，其形态宛若古人劳作时盘起的发辫，极具创意与辨识度。口感以长城独有的糊米香气和豆香为主，伴随坚果和烤甜香，整体抽吸顺畅，燃烧通透，香气醇和，回甘生津。

◎ 长城——盛世系列——盛世奇迹

型号：

皇家罗布图（Royal Robusto）

规格：

长度 135mm，环径 50

包装：

5 支纸盒装

风味特征：烟支结构均衡，外观优美，触感细腻光滑，线条流畅柔美。长城（盛世奇迹）通过糊米发酵法卷制而成，吸味独特，具有明显的炒米香，糅合了木香烤甜香，浓郁醇和。后段的浓郁度越来越高，口感上伴随着一些胡椒味。

◎ 长城——盛世系列——长城 2 号

型号：

科罗娜（Corona）

规格：

长度 130mm，环径 43

浓郁度：

温和

包装：

5 支铝管纸盒装

风味特征： 香气温和淡雅， 口感清甜，烟气柔和，有回甘，属于清淡的木质香型雪茄。

◎ 长城——盛世系列——长城 3 号

型号：

宾利（Panatela）

规格：

长度 150mm，环径 40

浓郁度：

清淡至中等浓郁

包装：

5 支铝管纸盒装

风味特征：温和的印度尼西亚茄衣，配以柔韧的印度尼西亚茄套，精选优质长茄芯烟叶卷制而成。有明显的花香、木香和焦糖香，香气醇正清甜，口感温和，余味舒适。

◎ 长城——盛世系列——长城经典 2 号

型号：

小鱼雷（Torpedo）

规格：

长度 124mm，环径 50

包装：

5 支纸板盒装

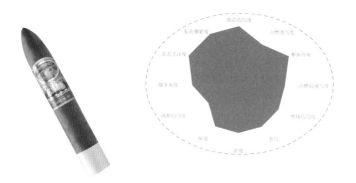

风味特征：带有清晰的花香，口感略带甜味，风格独特。主线香型是花香、木香，焦甜口感明显，还夹杂着些许豆蔻的香味。整体风味均衡，花香令人回味。

◎ 长城——盛世系列——长城经典 3 号

型号：

　　大皇冠（Corona Gorda）

规格：

　　长度 144mm，环径 45

包装：

　　10 支纸板盒装

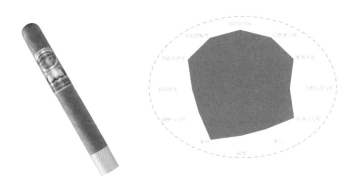

风味特征： 新配方的经典 3 号给广大茄客带来耳目一新的吃味，这款中等尺寸的雪茄，蕴含着层次丰富的香气特征：清甜的木香、微醺的可可豆发酵香，以及贯穿整体的烤甜香，使整支雪茄风味饱满，平衡性极佳。

◎长城——盛世系列——盛世 3 号

型号：

　　皇冠（Corona）

规格：

　　长度 135mm，环径 47

包装：

　　4 支铁盒装

风味特征：盛世 3 号雪茄选取国内外温和淡雅的优质原料烟叶，通过川酒发酵、川茶熏蒸和川产植物提取物等古法技艺进行醇化，使得整支雪茄具有明显的木香和清甜香，口感自然甜熟，柔和细腻。

◎ 长城——盛世系列——盛世 5 号

型号：

皇冠（Corona）

规格：

长度 150mm，环径 45

包装：

10 支水晶管纸盒装

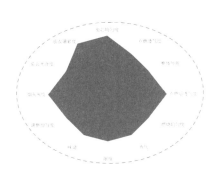

风味特征：采用印度尼西亚茄衣及茄套，具有明显的木香、花香和焦糖香，并伴有淡淡的坚果味，香气自然清新，口感淡雅。小盒两支装，茄衣一深一浅，深色浓郁，浅色温和，香气醇厚。五小盒 10 支大规格包装，超高性价比，入门级雪茄爱好者享茄首选。

◎ 长城——盛世系列——盛世 6 号

型号：

小罗布图（Petit Robusto）

规格：

长度 90mm，环径 50

包装：

4 支纸盒装，一条 24 支

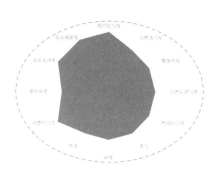

风味特征： 采用褐色的印度尼西亚茄衣，精选优质长茄芯烟叶卷制而成。风味自然甜熟，香气成熟飘逸，烟气柔和，生津甘甜，是一支小尺寸的精品雪茄。

◎ 长城——盛世系列——大号铝管

型号：

皇冠（Corona）

规格：

长度 160mm，环径 44

包装：

5 支铝管纸盒装

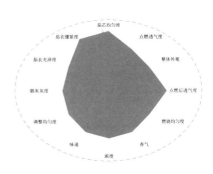

风味特征：茄芯采用国内外优质雪茄原料烟叶调制而成，茄衣采用巴西烟叶，茄套采用印度尼西亚烟叶。烟草本香突出，伴有甜美的牛奶香味，口感清淡自然，干净舒适，回味甘甜，余香悠长。

◎ 长城——盛世系列——狮牌加勒比阳光

型号：宾利（Panatela）

规格：长度 150mm，环径 35

浓郁度：温和

包装：4 支纸盒装，一条 20 支

风味特征：细细品味，入口温和，烟气柔绵，裹于口中。木香味明显，伴有淡淡的奶油甜，逐渐回味，还辅以淡淡的曲奇香和花香。总体抽吸舒适，余味悠长，品吸后口腔干净没有残留，感受非常愉悦。总的来说，加勒比阳光是一款特别适合年轻人的雪茄，无论是时尚个性的外观，还是唇齿留香的口感，都是为年轻人量身定制的口粮茄、日常茄。

◎ 长城——骑士1号

规格：长度 120mm，环径 40

浓郁度：清淡

包装：4 支纸盒装，一条 20 支

风味特征：采用褐青色的印度尼西亚优质茄衣和柔软的薄片茄套，配以精选茄芯烟叶调配卷制而成。抽吸通畅，前段是轻甜和香草的风味，香气很明显，能明显感觉有调香；中段香气愈发浓郁，主打香草奶油风味；后段随着焦油堆积，香气下沉，主要以咖啡和坚果的口感为主。

◎ 长城——金南极

规格：长度 120mm，环径 35

浓郁度：清淡

包装：5 支纸盒装

风味特征：采用柔软的进口薄片纸质茄衣，茄芯由优质叶片烟叶卷制而成。前端有木质烟嘴，散发着淡淡的水蜜桃香味。这款长城金南极雪茄烟香气飘逸，口感幽雅，余味舒适而留香，尤其具有水果的清香。第一口入喉很烈，随后有烟草香。吐出的烟气中，混合着淡淡的水蜜桃香与烟草香，令人回味无穷。

◎ 长城——迷你咖啡

规格：长度 75mm，环径 25

浓郁度：清淡至中等浓郁

包装：10 支铁盒装

风味特征：一开盒，浓郁的咖啡香气扑面而来，尺寸沿袭了长城迷你系列的规格。咖色的铁外壳，小巧有深度的盒身设计，完全符合迷你咖啡的定位，较"迷你香草"更精致。优选印尼和什邡茄芯，品吸过程顺畅，前段咖啡香气淡淡飘散，中后段香气渐浓。喜欢咖啡的人，对它定会喜爱有加。

湖北中烟——黄鹤楼雪茄、茂大雪茄

自光绪二十五年（1899 年）宣昌茂大卷叶烟制造所创立以来，至今已有 130 余年历史。当年这个制造所为了发展民族烟草产业，创建民族品牌，生产出茂大牌优质雪茄，并在上海设立专营店。作为唯一能与国外烟草抗衡的国货，它的产品远销日本、美国等地，享誉海内外。1916 年，更是聘请南美雪茄配方大师，调制出"中雪壹号"雪茄组方。

进入新世纪，湖北中烟力振鄂产雪茄雄风，除继续出品部分茂大牌品类外，重拾当年因原料限制而尘封的"中雪壹号"雪茄组方，结合国人口感习惯，不断创新研制，打造出黄鹤楼高端雪茄"1916"，更于 2004 年首次提出"中式雪茄"概念，引起业界热议。2014 年，湖北中烟又推出了中式雪茄新品牌"雪雅香"，不仅在原料和工艺上实现了创新，更打造出了符合国人口味与习惯的、具有"香、柔、顺、和"特色的经典中式雪茄品类。同时，他们还创建了"雪之梦""雪之韵""雪之景"三大产品系列，其中，黄鹤楼和茂大两大高端品牌尤为受到消费者的青睐。

◎ 黄鹤楼 1916——雪之梦壹号（公爵）

型号：双皇冠（Double Corona）

规格：长度 150mm，环径 53

浓郁度：中等

包装：10 支木盒装

风味特征：沿用传统"中雪壹号"绝世配方，茄衣采用多米尼加优质烟叶，茄芯、茄套采用了印度尼西亚和国产海南优质烟叶。前段口感以木香味为主线，伴有淡淡的奶香和坚果香；中段木香持续绵延，坚果味愈发明显，口感更加丰满；尾段坚果味突出，其间隐约可感受到豆香、茶香和奶香。茄香纯正、烟气适中，口感醇厚柔润、余味干净回甜。

◎ 黄鹤楼 1916——雪之梦 2 号

规格：长度 230mm，环径 63

浓郁度：中等

包装：木盒单支装

风味特征：茄衣烟叶来自康州，茄套烟叶来自多米尼加，茄芯由多米尼加、巴西烟叶调配而成。前段口感温和，中段浓郁，豆香、木香和焦糖感突出。

◎ 黄鹤楼 1916——雪之梦 3 号

型号：丘吉尔（Churchill）

规格：长度 176mm，环径 48

浓郁度：中等

包装：10 支木盒装

风味特征：雪茄点燃后抽吸通畅。前段是淡淡的木香和柔和的坚果风味，并伴随一点淡淡的奶香，浓度温和适中。中段抽吸浓度有了明显增强，口感以焦糖、咖啡香气为主，伴随一些奶香。后段主线风味变化不大，增添了一些胡椒香气，雪茄整体燃烧稳定。

◎ 黄鹤楼 1916——雪之梦 5 号

型号：罗布图（Robusto）

规格：长度 124mm，环径 50

浓郁度：中等

包装：10 支木盒装

风味特征：茄芯、茄套均优选多米尼加烟叶，茄衣精挑在海南种植的古巴品种烟叶。历经两年醇化，品质达到国际标准。经测试，雪茄剪开之后通畅性良好。点燃后，前几口感觉浓度不高，口感偏清淡；中段主线风格变化不大，还是保持原有风味；后段浓郁度有所增大，胡椒味愈发明显，整体浓度偏中等。

◎ 黄鹤楼 1916——雪之梦 6 号

型号：鱼雷（Toropdo）

规格：长度 155mm，环径 50

浓郁度：中等

包装：10 支纸盒装

风味特征：这款雪茄精选来自美洲、亚洲等地的优质烟叶。茄体弹性适中，卷制工艺均匀且扎实，手感舒适。前段口感以木质香调和豆蔻香气为主，浓郁度适中，余味持续性良好。中段浓郁度增强，其间伴随一丝焦糖甜感，进一步丰富了风味层次，此时的风味已变得极为醇厚，余味绵长。后段由豆香、木香逐渐过渡到黄金曼特宁咖啡的浓郁韵味，并交织着些许黑胡椒的辛香。

◎ 黄鹤楼 1916——雪之梦 7 号

型号：皇冠（Corona）

规格：长度 140mm，环径 45

浓郁度：浓郁

包装：25 支木盒装

风味特征：精选印度尼西亚与海南的优质烟叶作为茄芯与茄套，茄衣则采用多米尼加进口烟叶。产品香气纯正饱满，木香、坚果味与焦糖香交织，伴有柔和的奶油香与淡淡的青草芬芳。口感醇厚香润，余味干净甘甜，果香四溢，令人回味无穷。

◎ 黄鹤楼 1916——雪之梦 8 号

型号：双尖鱼雷（Perfecto）

规格：长度 145mm，环径 50

浓郁度：中等至浓郁

包装：5 支铝管纸盒装

风味特征：精选美洲与国产优质烟叶，富含浓郁的坚果香、奶油香和木香，伴有淡淡幽幽的花香和果香味。香气纯净绵长、醇和饱满、层次感强，口感舒适圆润、余味回甘悠长。

◎ 黄鹤楼 1916——雪之梦 9 号

型号：半皇冠（Petit Corona）

规格：长度 113mm，环径 45

浓郁度：中等至浓郁

包装：25 支纸盒装

风味特征：精选美洲和国产优质烟叶。整体口感以本香为核心，融合了木香与坚果风味，中段渐渐散发出淡淡的胡椒味，香气醇和浓郁、丰富饱满；口感温和顺滑，余味纯净回甘。

◎ 黄鹤楼 1916——雪之梦 10 号

型号：小罗布图（Petit Robusto）

规格：长度 100mm，环径 50

浓郁度：中等

包装：24 支纸盒装

风味特征：选用多米尼加优质原产地烟叶，并经过朗姆酒浸晒，秉承古巴九级雪茄卷制大师的技艺，达到溶洞窖藏级别。茄衣，颜色油亮。全叶手工卷制，叶脉纹理清晰可见，柔韧有余，尽显卷制工艺的卓越；置于鼻下轻嗅，雪茄叶的木质香气扑鼻而来。前几口带有微微的辛辣，但不明显，整体浓度中等偏上，主要调性以木质香和豆香为主，烟灰呈现良好的层次感。

◎ 黄鹤楼 1916——逍遥 5 号

型号：鸭嘴型

规格：长度 158mm，环径 50

浓郁度：中等

包装：10 支钢琴烤漆礼盒装

风味特征：逍遥 5 号雪茄嘴型特殊，建议采用平口雪茄剪剪切。点燃雪茄能感受到雪茄嘴型虽然紧实，但烟气顺畅，抽吸吸阻适中，前段香气以烘烤、豆香和坚果香为主，到中段浓度提升，香气饱满，坚果、豆香中伴随着咖啡和烤甜香气。雪茄燃烧均衡，抽吸过程顺畅。后段雪茄表现同样持久给力，香气浓郁，焦苦感不突出，始终维持在一个均衡的状态。

◎ 黄鹤楼 1916——逍遥 6 号

型号：盒压罗布图

规格：长度 125mm，环径 46

浓郁度：中等

包装：10 支钢琴木盒装

风味特征：采用全进口烟叶，香气以木香、胡椒味、烘焙香为主。品味悠然自得，漫步闲适之间。新型烟型，握持舒适，烟气清爽，流畅展现出活力与力量。

◎ 黄鹤楼1916——雪之韵2号

型号：宾利（Panetelas）

规格：长度131mm，环径35

浓郁度：清淡

包装：5支纸盒装，20支一条

风味特征：雪之韵系列首款产品，匠心打造，精选优质雪茄烟叶，口味平和，烟气丰满，回味绵长。雪茄初段口感以奶香为主，有非常浓郁的奶味；中段奶味消失，呈现出皮革和木香味。

◎ 茂大 1 号

型号：皇冠（Corona）

规格：长度 132mm，环径 41

浓郁度：温和至中等浓郁

包装：5 支塑料盒装

风味特征：这是湖北中烟与英美烟草公司联合研制开发的一款雪茄，由巴西进口烟叶和国产优质烟叶配制而成。风味突出烟草本香，伴有淡淡的坚果味、奶香味和甜香味，香气纯正浓郁、丰富饱满；口感醇香细腻、甜润绵顺。

山东中烟——泰山雪茄

　　山东种植雪茄烟叶和生产雪茄产品具有非常久的历史，早在光绪年间，兖州就是"贡烟"产区，所产烟叶风味独特，口感醇和。1903年（清光绪二十九年），山东人赵仰献在兖州创立了中国第一家以雪茄命名的雪茄厂——琴记雪茄烟厂，开创了中国规模生产全叶卷手工雪茄之先河，山东因此被誉为"东方雪茄的原生地"。紧随其后，兖州地区雪茄作坊不断涌现，民族企业家刘长生创立的大中雪茄坊使兖州雪茄生产发展到鼎盛，兖州因此成为名噪一时的"中国雪茄之都"。从1910年起，优质的鲁产全叶卷手工雪茄开始出口至欧洲、美国、日本以及东南亚等国家和地区，开创了中国雪茄行销三大洲的东方雪茄时代。1914年，鲁产琴记雪茄在美国旧金山举办的首届巴拿马太平洋万国博览会获得最优金奖。

　　中华人民共和国成立后，兖州地区筹备并成立了兖州县雪茄厂。2004年，山东中烟被国家烟草专卖局指定为雪茄定点生产企业之一。2012年，山东中烟设立雪茄制造中心，继承鲁产雪茄百年传统技艺，并融合现代技术，推出一列独特的鲁产雪茄品类。近几年，山东中烟抓住中国雪茄消费市场崛起之机，坚持"打造中国高端雪茄品牌"战略目标，不断提升鲁产雪茄的品质，扩大其知名度，形成了"泰山""将军"两大雪茄品牌，构建了"巅峰""战神""3C%""巴哈马""豹"五大品系，涵盖三大品类。鲁产高端手工雪茄"泰山"和"将军"正以其顶级烟叶、国际工艺、时尚外观赢得消费者的青睐。

◎ 泰山——巅峰 2 号

规格：长度 152mm，环径 52

包装：10 支木盒装

风味特征：整体口感坚果香、木香与辛香交织，暖甜韵味悠长。茄衣棕色光滑，富含油性，从茄脚至茄头弹性均匀，松紧恰到好处，茄香馥郁，层次丰富多变。未燃时，已能明显感受到雪茄自然醇化与发酵所带来的天然酵香，温和舒适。点燃后，前段口感柔和纯净，辛香与木香尤为突出；中段转为烘烤与坚果的香气，茄香愈发浓郁；后段雪茄强度渐增至中等，胡椒与皮革味成为主导，间杂木香与可可的馥郁，口感愈发醇厚，余味悠长。

◎ 泰山——巅峰 5 号

规格： 长度 146mm，环径 52

包装： 10 支木盒装

风味特征： 巅峰 5 号以简约古典的花梨木雪茄盒包装，高级技师全手工卷制，定位高端雪茄爱好者和馈赠礼品消费者。雪茄整体口感以木香、干草香、可可香等韵调为主，散发出暖甜的韵味。茄衣呈棕色，颜色均匀，结构紧实且富有弹性。嗅之，酵香温和舒适。点燃后，前段口感凸显清新的木香，伴有干草和可可的香气；中段显现出烘烤和坚果味，随后是暖甜的口感，烟气谐调且平衡，雪茄的强度和浓郁度保持在中等水平，燃烧线稳定；后段则呈现出胡椒与咖啡风味，口感细腻。

◎ 泰山——都市丛林（新品）

规格：长度 127mm，环径 50

包装：10 支精品盒装

风味特征：叶束式手工雪茄。茄衣、茄套和茄芯均采用醇化三年以上多米尼加烟叶原料。茄衣呈棕色，光滑且富有油性。从茄脚到茄头弹性均匀，松紧适中，茄香馥郁且极富变化和层次感。口感以干草香、木香、坚果香等韵调为主，散发出暖甜的韵味。未燃时，可明显感受到雪茄自然醇化和发酵带来的天然醇香，温和舒适。点燃后，前段口感自然的木香中微带干草和泥土的香气，烟气绵软且顺滑；中段出现微微的坚果味，让口腔中溢满优美的甘甜气息，展现出古巴雪茄醇熟和油脂韵调，让人爱不释手；后段雪茄强度攀升至中等强度，呈现出醇厚的咖啡味，烘烤气息愈发浓郁，回味悠长。

◎ 泰山——巅峰 6 号

规格： 长度 127mm，环径 62

包装： 5 支纸盒装

风味特征： 茄衣呈现油亮光滑的棕色。整体口感以干草香、木香和坚果香等韵调为主导，散发出温暖而甜美的韵味，醇香且柔和，层次丰富多变。点燃后，前段口感柔和，木香显著，并伴随着干草的清新香气；进入中段，烘烤与坚果的味道逐渐显现，口腔中充满了精致而暖甜的香气，烟气谐调且平衡；后段烘烤气息更加浓厚，与甜美的木香相互融合，形成丰满而持久的香气。雪茄的强度和浓郁程度始终保持在中等水平，燃烧线稳定且持续。

◎ 泰山——超级战神（新品）

规格：长度 120mm，环径 52

包装：10 支纸盒装

风味特征：茄衣呈棕色，光滑且富有油性。整体口感以辛香、木香、坚果香等韵调为主，燃烧均匀一致，烟灰紧密。未燃时，可明显感受到雪茄自然醇化和发酵带来的天然酵香，温和舒适。点燃后，前段凸显辛香和木香的味道，烟气绵软成团；中段愉悦的烘烤香冲到极点，香气成熟饱满；后段雪茄强度攀升至中等强度，胡椒与皮革味道成为主导，夹杂木香与可可的香气，愈发醇厚，回味悠长。

◎ 将军——战神1号

规格：长度 140mm，环径 45

包装：10 支木盒装

风味特征：茄衣呈棕色，光滑细腻有油性。整体口感以豆香、可可香等韵调为主，散发出暖甜的韵味。点燃后的前段烟气细腻温和，茄香纯正优雅，呈现豆香香韵；中段烟气醇厚，茄香成熟厚实，甜香浮现；后段烟气浓郁，茄香饱满丰富，透发出成熟可可香味，余味甘甜纯净。

◎ 将军——大力神

规格： 长度 150mm，环径 45

包装： 5 支纸盒装

风味特征： 茄衣颜色均匀呈棕色。整体口感以可可香、甜香等韵调为主，散发出暖甜的韵味。点燃后，前段烟气柔和，入口温顺；中段口味丰富，出现甜香、可可香等香韵；后段坚果香凸显，余味甘甜熟苦，耐人回味。

◎ 将军——战神 3 号

规格： 长度 130mm，环径 45

包装： 10 支木盒装

风味特征： 茄衣呈棕色，光滑且具有质感。整体口感以木香、坚果香等韵调为主，散发出暖甜的韵味。点燃后的前段，口感清新柔和；中段醇正的坚果香和木香风味交织，后段木香与暖甜味相互融合，风格韵调愈发凸显。

◎ 泰山——战神 5 号（新品）

规格：长度 152mm，环径 38

包装：2 支纸盒装

风味特征：战神 5 号为叶片式手工雪茄。茄衣呈棕色，颜色均匀一致，光滑有质感。整体口感以咖啡香、木香等韵调为主，散发出暖甜的韵味。点燃后，前段口感微甜适中，清新柔和；中段咖啡香与木香醇正交织，口感独特，韵味悠长；后段坚果香与木香甜美融合，风格韵味愈发显著。

◎ 将军——战神 4 号

规格：长度 100mm，环径 45

包装：4 支铁盒装

风味特征：手工全叶卷制而成，茄衣呈棕色，颜色均匀一致。整体口感以豆香、奶香等韵调为主，散发出暖甜的韵味。点燃后，前段口感醇香柔和，以木香、豆香为主体香韵；中段呈现胡椒、蜜甜、奶香香韵，茄香丰富、层次感强；后段浓度增强，出现可可、坚果气息，余味甘甜生津，回味悠长。采用红色铁盒包装，方便携带，定位为口粮佳品。

◎ 将军——战神

规格： 长度 120mm，环径 45

包装： 5 支纸盒装

风味特征： 茄衣颜色均匀，呈棕色。整体口感以木香、甜香等韵调为主，散发出暖甜的韵味。点燃后，前段口感温和细腻；中段香气丰富、优雅，交织着醇正的木香和甜香；后段熟苦中带甜，甘苦交融，让味蕾尽享其中。包装设计选用品牌故事中的希腊英雄形象，侧开式外壳尽显人文品质，适合入门级雪茄爱好者和馈赠礼品消费者。

◎ 将军——战神荣耀

规格：长度 98mm，环径 30

包装：10 支纸盒装

风味特征：茄香醇正纯熟，具有国际经典雪茄的香味，烟气舒适顺滑，回甘生津自然。点燃后，香气丰富，伴有木香和可可的香韵，并整合了坚果、桂皮和胡椒的风味。余味干净，持久留香。

◎ 将军——战神 07

规格： 长度 121mm，环径 34

包装： 5 支铁盒装

风味特征： 茄香醇厚成熟，带有坚果、可可、甜香香韵，余味回甘。

◎ 泰山——3G 原味 / 将军——3G

规格： 长度 98mm，环径 22

包装： 10 支铁盒装

风味特征： 口味劲头大，茄香足，浓郁奔放。

安徽中烟——王冠雪茄

　　王冠雪茄诞生于安徽的历史名城蒙城，这里也是庄子的故里，其前身名为"蒙城雪茄"，历史可追溯至 19 世纪末。1896 年，晚清名臣李鸿章出访欧洲，获英国王室赠送的雪茄。李鸿章十分珍视这份定制礼物，回国后特意寻访工匠制作雪茄，并命淮军将领马玉昆在淮军驻扎地研究制作方法。雪茄很快在淮军中风靡。有需求就有生产，于是，作为淮军重要兵源输出地的蒙城，随即兴起一批手工卷烟作坊，蒙城雪茄由此兴起。产品成为当时淮军乃至清政府的"官礼名烟"，畅销长江中下游一带，名扬上海十里洋场。

　　新中国成立后，国家批准在蒙城建立雪茄厂。几十年来，蒙城雪茄坚持手工卷雪茄的传统工艺，加强对外合作，吸收国外先进技术，不断提升旗下雪茄品质，撑起了一个享誉全国的手工雪茄生产王国。其品牌"黄山松""味美思"曾先后荣获巴拿马国际食品博览会金奖、国际新技术名优产品金奖以及中国食品博览会金奖等。1997 年，蒙城雪茄与多米尼加雪茄公司开展技术合作，联合研制生产"王冠"牌全叶卷雪茄，奠定了王冠雪茄作为高端雪茄的技术基础，并确立了皖产雪茄在国产雪茄界的地位。2004年，皖产雪茄品牌"狂马"成功出口美国，安徽雪茄由此获得国际认可，为其进一步拓展国际市场奠定了坚实基础。近些年，皖产雪茄秉持"携精湛传统手工技艺，引进先进管理理念"的宗旨，致力于打造优质国产雪茄名牌。以高档雪茄引领品牌形象，以"王冠""黄山松"为主打品牌，实现了跨越式发展。皖产雪茄深受国内雪茄爱好者的喜爱，其研制开发的王冠高档全叶卷雪茄的多个规格品类尤为受欢迎。

◎ **王冠——国粹**

型号：公牛（Toro）

规格：长度150mm，环径50

浓郁度：中等

包装：10支铝管木盒装

风味特征：这是安徽中烟与斯堪的纳维亚烟草集团公司（STG）联合研制的一款雪茄，选用了美洲、亚洲的优质进口烟叶。入口即能感受到浓浓的草本清香，伴有淡淡的咖啡香和坚果香；中段口感坚果味持续增强，同时能品味到焦糖香味与可可味；尾段回归草本香，略带皮革与泥土的韵味。雪茄香气醇正饱满，口感温和柔顺，回味甘甜且悠长。

◎ 王冠——梅兰竹菊

型号： 超级罗布图（Robusto Extral）

规格： 长度 150mm，环径 55

浓郁度： 淡雅至中等浓郁

包装： 2 支铝管纸盒装

风味特征： 燃烧稳定后，可清晰感受到草木香，浓度适中，抽吸体验顺畅。随后主线以木香、烤甜为主。中段雪茄风格略显浓郁，以木香、烤甜、奶香为主导。口感清淡，契合梅兰竹菊的立意。后段与中段相似，变化不大，主线以烤甜、淡坚果为主。

◎ 王冠——国粹风度

型号： 罗布图（Robusto）

规格： 长度124mm，环径50

浓郁度： 清淡

包装： 10支木盒装

风味特征： 采用进口烟叶卷制，茄衣呈棕褐色，卷制紧绷，烟梗处理得当，茄芯均匀紧实。香气以烤甜香为主，豆蔻香为辅。初尝无青涩杂气，烟气轻柔顺滑，过鼻舒畅。与前段口感相比，中、后段烤甜香与木香更加丰富，整体主线风味变化不大但略显单一，并带有些许皮革与胡椒味。

◎ 王冠——智者

型号：特长罗布图（Long Robusto）

规格：长度 150mm，环径 50

浓郁度：中等

包装：5/10 支铝管木盒装

风味特征：燃前风味自然，燃后，前段口感以松木香与淡淡花香为主；中段浓郁度提升，展现出烤甜感，醇厚饱满；后段胡椒韵味逐渐显现。整体口感醇厚丰满，香气协调，入口苦中带甜，吸后生津清爽，燃烧表现亦佳。

◎ 王冠——假日·黄金海岸

型号：超级罗布图（Robusto Extral）

规格：长度 110mm，环径 56

浓郁度：浓郁

包装：4 支马口铁盒装

风味特征：燃后口感丰富，前段风味中度浓郁，略带胡椒的辛辣，主调为苦咖啡味；进入中后段，浓郁度增强，可可味道尤为显著。品吸时间约为半小时，烟灰保持灰白色。

◎ 王冠——蓝色假日

规格：长度 110mm，环径 41

浓郁度：中等

包装：5 支纸盒装

风味特征：茄衣选用厄瓜多尔优质烟叶，茄套采用多米尼加烟叶，茄芯则由多米尼加与巴西烟叶混合而成，烟叶卷制均匀，抽吸顺畅，燃烧均匀，烟气量适中。前段口感以淡淡木香与豆香为主，香气醇熟度良好；随着燃烧进入中段，雪茄浓郁度渐渐提升，主线风味为木香与豆蔻香，香气均衡且略带甜感；后段略带胡椒味，燃烧稍显不足，但主线风味变化不大，整体浓度保持适中。

◎ 王冠——小国粹

型号：半皇冠（Petit Corona）

规格：长度 90mm，环径 41

浓郁度：淡雅至中等浓郁

包装：5 支铁盒装

风味特征：精选美洲、亚洲上等醇化原料烟叶，保有纯正的烟草本香味，伴有淡淡的木香、豆香，香气饱满纯正，口感柔顺清甜，余味干净回甜。

◎ 王冠——假日阳光

型号： 公牛（Toro）

规格： 长度 156mm，环径 63

浓郁度： 中等至浓郁

包装： 4 支纸板盒装

风味特征： 茄衣颜色为深咖色，色泽油亮，表面光滑平整，触感有肌肤般质感，轻按之下略带肌肉感，卷制精良，用料扎实。燃后入口微辛辣，伴有烘焙香气与木质味道，中段坚果和烘焙的香气更加突出。

◎ 王冠（经典铝管 2 支全叶卷）

型号：皇冠（Corona）

规格：长度 150mm，环径 45

浓郁度：淡雅至中等浓郁

包装：铝管 2 支纸盒装

风味特征：王冠铝管 2 支装全叶卷雪茄，是一款极具代表性的全叶卷手工雪茄。雪茄内外包叶均源自印尼，结合多米尼加精湛的传统手工制作技术精心卷制而成。整体口感温和，香气纯正，烟劲适中。品吸至中段，香气醇和清甜，夹带木质香气，并略带古巴雪茄的皮革味道，余味甘甜舒适，层次感丰富。

◎ 王冠（塑 2 支全叶卷）

型号：宾利（Panatala）

规格：长度 120mm，环径 32

浓郁度：淡雅至中等浓郁

包装：2 支纸盒装

风味特征：进口与国产烟叶混合调制而成，烟草本香纯正且丰富，香气丰满温和，口感柔和顺滑，余味清甜。

◎ 王冠——原味 9 号塑嘴

规格： 长度 110mm，环径 28.9

浓郁度： 中等

包装： 5 支纸盒装，一条 10 盒

风味特点： 口感突出雪茄本香，其中所蕴含的口味有可可味、木香味、等，整个品吸感很舒适，烟香丰富自然，烟气柔和而细腻茄体采用塑嘴装置，茄体呈现为深棕色，看着像巧克力色系。茄身纤细小巧，茄体的纹路十分的清晰。

参考文献

［1］陶健，刘好宝，辛玉华，等．古巴 Pinar del Rio 省优质雪茄烟种植区主要生态因子特征研究［J］．中国烟草学报，2017，23（05）：56．

［2］任天宝，阎海涛，王新发，等．印尼雪茄烟叶生产技术考察及对中国雪茄发展的启示［J］．热带农业科学，2017，37（03）：89-93．

［3］李秀妮，闫铁军，吴风光，等．全球主要产地雪茄烟叶的风味特征初探［J］．中国烟草学报，2019，25（06）：126-132．

［4］李爱军，秦艳青，范静苑，等．四川省发展雪茄烟叶生产的优势分析及对策［J］．安徽农业科学，2013，41（07）：3188-3189．

［5］杨兴有，靳冬梅，李爱军，等．四川万源市烟区生态条件与雪茄烟叶质量分析［J］．中国烟草学报，2017，23（01）：69-76．

［6］张谊寒，张晨东，焦芳婵，等．雪茄外包皮烟在云南种植的适宜气候区初步筛选研究［J］．西南农业学报，2012，25（06）：2005-2009．

［7］杨春元，陆新莉，王柱玖，等．贵州独山雪茄烟调查报告［J］．湖北农业科学，2021，60（12）：101-106+118．

［8］吴晓颖，高华军，王晓琳，等．光照强度对雪茄烟叶片组织结构及内源激素含量的影响［J］．中国烟草科学，2021，42（02）：37-42．

［9］樊在斗，李国灿，张成稳，等 . 大理特色优质烟叶气候生态区划［M］. 北京：气象出版社，2012，13–16.

［10］邓弋戈 . 鄂西南雪茄烟品种筛选及施氮量和调制密度对烟叶品质的影响［D］. 郑州：河南农业大学，2021.

［11］吴创，施友志，潘勇，等 . 麦饭石肥料施用量对来凤雪茄烟叶品质的影响［J］. 中国土壤与肥料，2022（05）：116–123.

［12］刘蒙蒙 . 有机肥对海南茄衣土壤营养状况及工业可用性的影响［D］. 郑州：河南农业大学，2015.